furumai techo

56個備受疼愛的小心機

氣質女神の養成密技

日本儀態守門人
高田將代

楓 葉 社

氣質女神的目標是

「備受疼愛的女性」

無論幾歲都想以「女孩子」的身分成長，
就算時代變遷或年齡逐漸昇華，
只要是「氣質女神」都會如此期許。

然而，
即使一如往常買了新衣服、努力化妝、去美體沙龍，
有時候是不是依舊不覺得自己「很漂亮」、「很棒」？
是不是感覺不再像年輕貌美時那樣地被關注、

是不是有那麼一瞬間失去了自信？

而另一方面，不知為何有的女性雖年齡增長卻仍被稱讚「妳很漂亮」，
備受身旁人們的喜愛呵護。

她們身上共通的祕密是什麼呢？
那就是她們**都學會了展現出優雅的「儀態」。**

優雅的儀態其實不難辦到，只需要一點點小巧思，
不管是誰都可以輕鬆學會。
要不要一起踏出妳的第一步，
成為集寵愛於一身的女神呢？

前言

希望看過這本書的各位，都能獲得**「無形的財產」**。隨著美麗的年歲漸增，無論幾歲都能受到別人的愛惜呵護，這樣的妳將會變得相當幸福。然而，要達成此心願的必要條件是什麼呢？

世界上有許多讓女性變漂亮、散發光芒之物，例如化妝或服飾等。然而屏除這一切，**讓妳由內而外變美的，卻是「儀態」**。所謂「儀態」，指的是表現自身思考、想法或行動的展現，又或姿勢、動作、表情和說話方式等皆包含在內。

美麗並不在於外表姿態，不，年輕時或許是如此。然而，隨著年歲增長，比起與生俱來的形體，儀態更是決定美感的關鍵。每天都有意識要成為儀態優雅的人，真的會變漂亮。那是因為美感形成並展現在妳的生活方式與周遭氛圍，這絕對騙不了人。此外，隨著年紀增長，我認為人所追求的優雅質感會變成更加深入本性，而能呼應這點的便是「儀態」。

不良儀態有可能造成損失嗎？

即使打扮得再漂亮，一旦姿勢不良美感也會減半。如果用詞粗魯，會讓人認為妳不說話就更完美了。也有人因為用餐禮儀令人幻想破滅，或是自己無意識作出的表情受到評判，在自己不注意的時候造成負面影響，不過長成大人後，並不會有人明白地指責妳。所以要能真正發揮自身所擁有的魅力，練習自己的儀態是不可或缺的。

現在的妳成就未來的妳

現在的我是個禮儀講師、儀態守門人，而以前卻是個再普通不過的家庭主婦。30多歲時，我曾煩惱著該怎麼過生活，重新仔細檢視自己後，打算再度磨練一番，便進入女子精修學校就讀。在那裡遇見了比自己更加年長，卻充滿著自信的女性們。她們一舉一動的都散發著優雅的美感，毫不懈怠地認真學習，體貼身旁的人事物，無論對誰都毫不吝惜傾注感情，那身影令人深受感動。讓我打從心底也想這般增長年歲，成為即使到了50、60歲依舊能持續挑戰、追尋著夢想的女性。

正因為見到她們無論從幾歲開始、無論到了幾歲都能散發光芒的模樣，才有如今這本書。美感是日積月累的成果。**現在妳的行動及意識，將會創造出未來的妳。**看是要就此放棄呢，還是持續琢磨自己的內在及外在，這是自己可以選擇的。雖然一開始只有些微的差距，但經年累月下來，卻會天差地別。

美感與幸福，都能藉由練習儀態來實現

練習儀態能讓人變漂亮，因此收到的讚美也會隨之增加而展現更多笑容，自己也會更有自信。積極向前會改變行動範圍，也會改變未來能邂逅的人。此外，沉穩仔細的舉止也能梳理心緒，整理好了心緒，也就整理好了生活方式。心存良

善在任何時代都是屹立不搖最強的武器。

統整內在與外在是儀態，展現儀態優雅代表重視自己也重視別人。正因為如此，才會自然而然地更加珍惜自己。練習儀態絕對能幫助妳踏出嶄新的一步。

練習「儀態」不需要任何道具，**只要有自己的身體以及心靈即可。**重點在於妳知不知道、或者有沒有意識到，如此而已。再者，一旦學會，絕對不會消失，這就是只屬於妳的「無形財產」。

本書章節分為「姿勢」、「動作」、「表情」、「服裝」、「餐飲」、「體貼」和「說話方式」，淺顯易懂地告訴各位展現優雅儀態的基礎禮節與心得，沒有艱澀的要求，任何人都辦得到。若持續注意下去，會很自然的在生活當中體現。透過練習儀態培養出的一切，會隨著時光流逝越顯耀眼，讓我們一起持續培養美感吧。若能幫助想要挺直背脊、優雅凜然生活的女性，這會是我至高無上的榮幸。

高田將代

練習儀態，成為備受疼愛的女神！

備受疼愛的氣質女神

＊做事拚盡全力，毫不吝惜努力。
＊有自己的想法，轉化成語言詞傳遞出去。
＊享受年歲增長的感覺。
＊能客觀的觀察事物，自然而然的體貼他人。
＊用詞仔細，用餐方式優雅，善於傾聽。

每天都開心！
總是面帶微笑，口角上揚
挺直背脊
衣服熨燙過，感覺整潔

無法受人呵護的可惜女生

＊動作與用詞都很粗魯。
＊陰沉、悲觀、自我中心、不會感謝別人。
＊認為年輕人比較漂亮。
＊老是講自己的事，不聽別人說話。
＊常說「反正」、「可是」、「不過」。

麻煩死了！
不滿的表情
姿勢糟糕
衣服有皺摺或脫線，尺寸也感覺不合身

氣質女神養成密技

基本 5項重點

在練習儀態前，

從認識要隨時放在心上的 5 項重點開始吧！

單單意識到這些，妳的心靈勢必會改變，

給予身旁人的印象應該也會有所變化。

這將是成為永遠備受疼愛女性的第一步。

1

獨處時，更要美麗

最了解妳儀態的是妳自己

當年紀越增長，妳會不會想著：如果能獲得與年齡相呼應的品格，或具有人性深度的美感該有多好呢？即使化著完美的妝容、穿著漂亮的衣裳，相貌及體態也是無法改變的，這些會呈現出妳是如何度過每一天、流露妳心靈的狀態，而這騙不了人的。由於無法對自己說謊，是不是反而對偷懶的自己感到失望了呢？

年輕時，說不定受到與生俱來的容貌影響較大，然而一旦年歲漸增，生活方式將會決定妳的美感。生活方式優雅的人會變得漂亮，相貌、體態多少都會改變，全看自己的選擇，差別不大，就在於每天努力注意到儀態要優雅而已。如此微小的差別累積起來，便能打造未來的自己。有種美，未經累積便醞釀不出來，這絕對需要花力氣、花時間去培育，並沒有捷徑。要如何孕育自己內在的美，全看自己，這是種一旦習得，便絕對不會消失的財產。

獨處時，更要美麗。不會遇見他人的日子也好好打扮自己；偶爾注意到時隨即端正姿勢，仔細地用餐；小心地對待物品——即使外出、在沒有認識的人的場合，也讓自己處在這樣的狀態中吧！要能說出「您先請」禮讓陌生人、說出「謝謝您」、「真是不好意思」等，時時將身為人的優雅儀態放在心上。世上沒有能做到一切的完美之人，一點一點慢慢累積也很好，我想，這樣終能成就未來美麗的自己。

2

住在整理乾淨的房間，生活方式會變得端正

每天受到眼見之物的影響很大

為了展現優雅的儀態，首先要重視的，就是將房間整理乾淨。環境整潔，儀態也會有條理。為自己打扮之前，先打掃打掃住家吧！住家是形成妳自身步調的場所，無論外表多整潔，若家中髒亂，會流露在身旁的氛圍或空氣中，儀態也會不可思議地跟著變雜亂。人類會無意識地配合自己所在的環境，並隨著這樣的環

境表現出對應的儀態以及生活方式。

如果走到一個漂亮的空間，妳會不會不禁想要挺直脊梁、動作比平常更加優雅小心呢？這也是同樣的道理。儀態會在無意中改變，並非刻意為之，而是自然而然地改善。

確實地整理、打掃每天映入眼簾的場所，是件很舒服的事。感覺舒適能讓心情穩定。而能受人呵護、喜愛的女性總是很沉穩，具有超群的安定感，那是因為她們能將形成自己步調的場所整頓地很安適的緣故。

想要整理居家環境，必須要親自動手並花心思。不厭其煩親自動手的態度能讓妳變得美麗，親自動手能增加自己對周遭物品的喜愛，這也跟每天過著精緻生活相關。房間、自己、儀態全都環環相扣，無法將哪部分單獨切割出來。一起整理房間吧！如此一來，妳的生活方式將會變得端正。

3

小心地對待物品，能尊重自己也尊重別人

小心地對待物品，心胸會變得更加從容

日本具有認為物品上寄宿著生命、靈魂的文化，正因為如此，會十分重視，並小心對待物品。一旦珍視的心情增加，感受到地幸福也更多。盡量小心地對待任何物品，試著用雙手拿取吧！即便是輕的物品也請用雙手拿著，試著如同對待易碎物品一般地用心。用單手拿取的時候，如果同時能用另隻手攙扶，會給人優

雅仔細的印象。

將物品交給他人時，請盡可能謹慎地拿給對方。如此一來，即使受到小心對待的是物品本身，對方也會同樣地感到備受尊重。小心地對待物品，等同於尊重自己也尊重別人。

為了達成如此目標，必須要內心從容、有餘裕。若是時常顯現出焦躁不安或疲勞的樣子，一不小心就會粗魯地對待物品，這會讓身旁的人感受到，引起不悅，也會增加自己的焦躁與疲勞。對待物品的方式，可能因此而影響到人際關係。

如果內心不從容——越是這種時候，試著越謹慎地對待眼前的物品吧。比起改善心情，改變儀態更加簡單。透過小心地對待物品，心情也會跟著冷靜下來，便能逐漸接近溫柔或從容的內心。

4

容易開心，是通往幸福最快的捷徑

容易開心的人，會散發許多善意

日常生活中如果能發覺喜悅或感謝，並直率地表達感受，會增加幸福感。高雅的女性很容易保持好心情，會直率地表現出喜悅及感謝之意。感到開心便會帶著笑容說出「好高興」、「謝謝」等話語，如此一來能讓對方再高興不過了。不僅在收到禮物時、受到幫助或是感受到別人的體貼時，可以表達感謝的時機應該在生活中隨處可見。即使是小事，不，正因為是小事，更要確實用心地表達感謝之意。

容易開心的人善於讓人開心。為了某人做某事，能讓對方開心的話自己也會高興，若對方高興得超出自己期待，自己反而會更加喜悅，想再次見到對方一臉開心的心情，自然而然會變得想要對方高興。或許有人不善於表達，但是只有單方面在內心感到高興實在太可惜，請務必告訴對方，只要誠實地表達出自己的喜悅就行了。

容易開心的女性之所以會變得幸福，並不僅僅是因為幸運，而是不錯過日常生活中的喜悅之源，並用舒心的語詞向對方表達感謝之意，彼此帶著笑容生活，才能進一步創造出舒適的環境。感覺幸福的人，會散發許多善意。

5

與其正確行禮不如溫柔以對

禮儀不是拿來評斷別人的

禮儀並不生硬、也不特別，而是我們理所當然的日常生活中的必要之物。知道了禮儀，遇見「這種場合該怎麼做？」的時候，便有更多選擇。不僅如此，對方「跟這個人相處很舒服」的感覺也會增加。

雖然也會有人指責別人違反、破壞禮儀，不過禮儀不是拿來評斷別人的，目的也不在於責備別人，並非必須要百分之百遵守才行。禮儀不是用來講究正當性的，與往來的人們度過愉快的時間、建構和諧的關係才是真正的目標。如果有人弄錯，能夠體貼的不讓弄錯的人注意到、若無其事地遮掩，才是真正合乎禮節。

希望各位重視的，是那顆柔軟體貼的心。除了做正確的事，讓我們珍惜替對方著想、不傷害對方的體貼溫柔吧！我在迷惘的時候，會思考身而為人哪種舉止更有魅力，並做出選擇。

話說回來，過度違反禮儀會喪失信用是事實，長大成人後也不會有人直接指責要妳更正，正因如此，才更加希望各位能好好學習呢！大家都想著要重視禮儀，話雖如此，但如果一不小心犯了錯也別放在心上、不過於追究——若能如此思考，應該能相處得更融洽。

furumai techo CONTENTS

第1章 氣質女神姿勢之小心機

第2章

氣質女神動作之小心機

第3章 氣質女神表情之小心機

第4章 氣質女神服裝之小心機

第5章 氣質女神飲食之小心機

第6章 氣質女神體貼之小心機

第7章 氣質女神說話方式之小心機

第 1 章

氣質女神 姿勢 之小心機

優雅的姿勢將成為自信

單單姿勢優雅，就會讓妳的美麗放大好幾倍。
做出正確姿勢，今天馬上就開始執行，
這是通往氣質女神的捷徑。
簡單的抬頭挺胸，一定能讓妳受到更多讚美，
心靈也就自然而然變得積極樂觀。
發現到的時候就擺正姿勢——
首先，請從反覆這些小小的動作開始。

課程重點

- 隨時隨地挺直背脊
- 姿勢甚至能改變體型
- 頸下胸上區是女生的性命
- 優雅的第一步是姿勢

姿勢

從站姿優雅開始

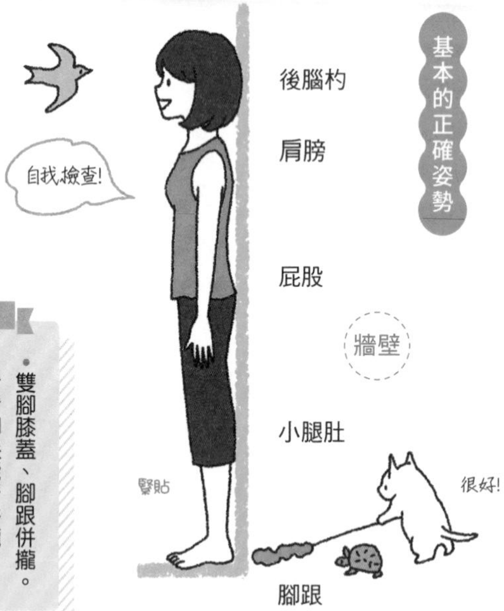

基本的正確姿勢

POINT

- 雙腳膝蓋、腳跟併攏。
- 看看腳尖能否併攏，或稍微打開。
- 耳朵、肩膀、骨盆、腳踝在一直線上。

優雅姿勢的根本是站姿

優雅的姿勢，始於站得筆直，美麗的站姿會引領出妳最大的魅力。學生們告訴我「有人跟我說，明明穿著跟以往相同的衣服，不過妳今天感覺好像不太一樣，是要出去玩嗎？」、「常常被別人稱讚『妳最近變漂亮了呢』」。有人注意到姿勢正確後一個月腰圍就變小了，也有人瘦了幾公斤。優雅的姿勢，會產生凜然的心靈，穩定的姿勢，則會形成堅定的思考。持續意識到姿勢的優雅，也能鍛鍊心志。

自己為自己檢查

姿勢能自行檢查。首先試著將背部靠到牆壁上，雙腳膝蓋貼緊，腳跟及腳尖併攏站立。腳尖稍微打開沒有關係。站立時**後腦杓、肩膀、屁股、小腿肚、腳**

跟，全都要緊貼著牆壁。確實地挺起上半身，肚臍下方一帶（丹田）用力，將屁股往內側夾緊，這是基本的正確姿勢。從旁邊看來，耳朵、肩膀、骨盆及腳踝會連成一直線。

透過貼在牆壁上的狀態，是不是有很多人感覺平常頭部的位置明顯在前方呢？這代表妳平常低頭的程度。肩膀無法貼牆的人容易駝背，一隻手掌能伸入腰部與牆壁之間最理想。腰部跟牆壁間的空隙過大，很有可能變成搖擺背（sway back），挺胸將腰部往前頂並不是好姿勢。搖擺背會對腰部造成負擔，使人容易腰痛，要多加小心。

搖擺背的人骨盆會稍微前傾。讓骨盆垂直立起，腹部用力挺起上半身，想像著從頭部上方整個把人往上拉的樣子。用鼻子緩緩吸氣、嘴巴吐氣，同時肚臍下方的丹田部分用力往內縮。請反覆緩慢地深呼吸，如此一來，便能掌握丹田用力的感覺，調整好姿勢。

一天一次貼牆站來確認站姿，讓身體記住正確的位置吧！如果決定「刷牙時貼牆站」的方法，更容易堅持下去。如果我們每天反覆貼牆站，身體記住了正確位置，身後就像隨時有牆壁一般，便能維持優雅的站姿。日常生活中有許多練習的機會，例如等電梯、紅綠燈或搭乘交通工具的時間。從短時間開始練習就好，在這段時間決定「一定要站得很優雅」，接著慢慢增加意識到站姿的時間，慢慢地，會感受到用優雅的姿勢站著比較舒服。

姿勢正確，感覺及外觀都會跟著改變

不安、沒自信時，也要丹田用力、挺直背脊地站著，正如俗諺「腹が据わる」（沉著有膽識）所說的振作打起精神。再者，周圍的人看來也會感到**「這個人很重視自己」的氛圍**出現。正因為身心一體，不要低著頭，而是稍微抬起下巴，直視前方，心情會跟著身體從姿勢調整心靈的。

姿勢

頸下胸上區是妳的第二張臉

說話的時候頸下胸上區也要面向對方。

NG
點心
什麼？
一直到胸口以上都是臉！
頸下胸上區也是臉的一部分！

什麼是頸下胸上區？

指的是頸部到胸口的部分。原本是指領口大開的服飾，後來演變成為穿這種服裝時露出肌膚的部位。

透過頸下胸上區獲得氣質與華麗感

與人面對面時，臉部到胸口附近會自然而然進入視線。正因為會看到這一帶，所以須意識到也要讓頸下胸上區散發魅力。確實展現這一區塊，會讓人感受到態度磊落，美感更上一層，且更有女性魅力及華麗感，因為頸下胸上區是散發魅力的源頭，也是女人味的象徵。由於對女性來說是相當重要的部位，希望各位能像對臉部一樣，仔細按摩、好好照顧呵護喔！

現代人不僅經常面對電腦或手機，在做家事或育兒時也常常往前傾，所以女性更容易駝背、縮起頸下胸上區，這樣實在是相當可惜。

此外，一旦姿勢變差，除了有損外觀的美感，也是容易造成頸部或頸下胸上區皺紋的原因。為了女神將來的美麗，請多加注意喔！

讓頸下胸上區散發魅力的姿勢重點

*將肩胛骨後側相互靠近，確實展現頸下胸上區。
*讓頸下胸上區45度面朝斜上方，會有反光板的效果，而讓臉部變明亮。
*頸部垂直往上伸展、肩膀下垂，這樣會讓頸部看起來很修長。

為了展現頸下胸上區的優雅姿勢，肩膀確實往後夾很重要，請擴展延伸到肩膀的可動區域、增加柔軟度吧！伸展肩膀周圍的話，可以增加頸部到肩膀的血液循環，也有去除肌膚暗沉、讓臉部變明亮的效果。以下將介紹簡單的伸展法，如果感到肩膀僵硬，請試著做①～③的動作：

①雙手自然下垂，肩膀由前往後、由後往前各轉動10次。
②左右手放在各邊肩膀上，往內轉10次、往外轉10次。感覺用肩胛骨帶動，動作緩慢且大。

③抬高肩膀靠近耳朵，瞬間放鬆、放下肩膀。重複數次，最後肩膀緩緩往後轉、一口氣放下，該位置便是優雅姿勢中肩膀所在。

意識到頸下胸上區魅力倍增的重點

我總是在課堂上告訴大家「頸下胸上區是第二張臉」。面對別人時，請記得**不僅只有臉部，連頸下胸上區都要轉過去面對對方**，如此更能表現出「自己衷心、誠摯地面對他人」的樣子。正面面對對方，全身也就自然跟著轉向對方，不過似乎有很多人是側身、斜坐，或者從後方叫喚時只有頭轉向對方。然而只有轉頭面向對方，與連同頸下胸上區面向對方，這兩者給人的印象是天差地別。

一旦自己也受過如此對待，便能深刻體會到其中差異。從頸下胸上區都確實轉向自己，會感覺對方是個由衷面對他人、能誠摯聽別人說話的人吧，而自己也容易打從心底面對對方。因為連頸下胸上區都面向對方，代表著誠心面對別人，要時常記得，頸下胸上區是第二張臉喔！

姿勢

背部不能鬆垮攤靠著椅子

POINT

- 立起骨盆，挺直背脊。
- 丹田用力。
- 膝蓋確實併攏。

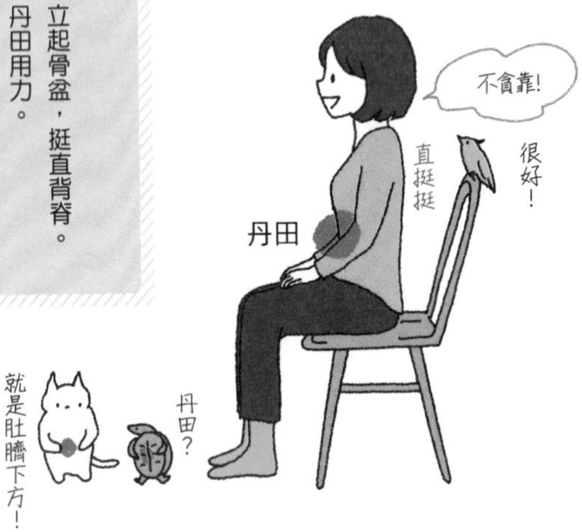

心靈與身體都不鬆垮攤靠

若附近有人坐姿很優雅，我的視線會不由自主飄過去，感受那人的氣質。不過能做到這件事的人真的很少。讓我們徹底執行優雅的站姿、坐姿，成為自己的一部分吧！只要用心注意任誰都辦得到，不執行就太可惜了。

想要姿勢優雅，平常就能做的事情之一是「**盡全力不靠在椅背上**」。挺直背脊的姿勢是很優雅的。若時間一長，活用靠背墊也無妨，然而基本上要記得不鬆垮攤靠，逐漸養成習慣。

早晨無論心情如何，決定並實際以優雅坐姿開始工作的學生告訴我，如此一來，不僅自己有精神，也能帶給周遭的人朝氣。人的情緒總有起伏，不過藉由姿勢便能夠調整心態。要時常注意用優雅的姿勢坐著喔！

姿勢

美麗的重點在膝蓋與腳尖

腳尖稍微往前一些
更漂亮

檢查2個細節並優雅地坐著

讓坐姿更加優美的重點在於膝蓋與腳尖，兩者請務必併攏。雙腳膝蓋碰在一起，膝蓋以下也盡可能別打開，這樣肌肉會相當出力，維持這種狀態自然會長出肌肉，雙腳也就變漂亮了。此外，腳尖放在哪個位置，外觀給人的印象全然不同，腳尖如果縮得比膝蓋還要裡面，雙腳會看起來又短又粗，如果往前超出膝蓋，則會看起來又長又細，請試著好好注意到這兩個地方。

基本的坐法

- 雙腳膝蓋併攏，自膝蓋以下的小腿也跟著併攏，雙腳腳跟碰在一起。
- 從側面看膝蓋的角度呈90度。
- 雙手交疊，放在大腿中央，指尖優雅地併攏。

進階版的坐法

・雙腳比自然下垂的位置稍微往前一點，腳會看起來很長。
・腳尖再往前、伸出腳趾甲（把這裡當成腳的臉），腳會看起來更長更細。

頂尖版的坐法

・雙腳併攏，斜斜側放著。
・提起腳跟，讓腳趾甲朝向正面。
・下方的腳稍微往後收。
・盡量讓小腿肚之間沒有縫隙。

精通優雅的坐法

日本有句諺語叫做「居住まいを正す」（正襟危坐、態度嚴謹）。所謂正襟危坐，指的是坐著的姿勢或態度，而整句話指的就是規矩地端正坐姿。實際上，這不僅指端正姿勢，也用於指稱挺直背脊，重整態度或心情的情況。比起腹部不用力、隨意又懶散地坐著，在適當的時候正襟危坐也收斂心態，這才是理所當然的吧！

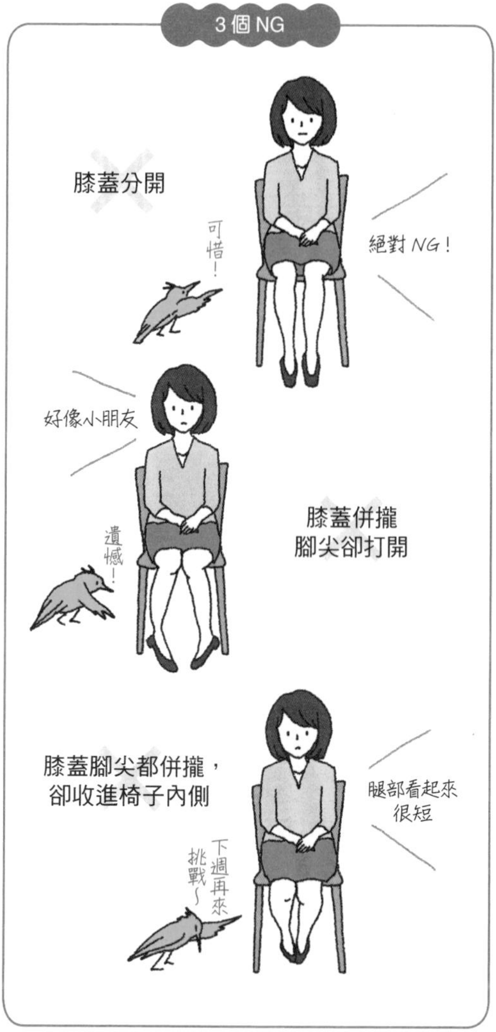
3個NG
膝蓋分開
可惜！
絕對NG！
好像小朋友
遺憾！
膝蓋併攏
腳尖卻打開
膝蓋腳尖都併攏，
卻收進椅子內側
腿部看起來
很短
下週再來
挑戰～

維持優雅的姿勢看書或手機

NG 頭部太低…

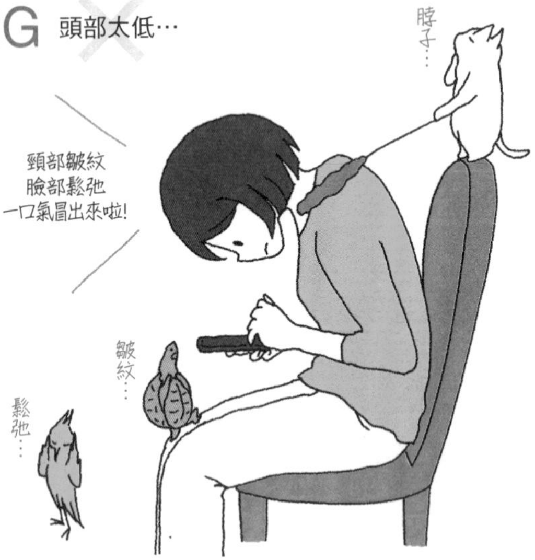
脖子…
頸部皺紋
臉部鬆弛
一口氣冒出來啦！
皺紋…
鬆弛…

表現美感意識，左右老化方式

一旦沉迷於書籍或手機中，很容易一不小心就放鬆腹部、骨盆後傾成了駝背姿勢。頭部在肩膀前方的前傾姿勢不僅不優雅，也是造成頸部皺紋及臉部鬆弛的原因。

看書或手機時，**頭部盡量不要太低**。光是盡量別低頭，就能預防頸部產生皺紋。腹部不放鬆，立起骨盆，挺直背脊，也不要靠到椅背上，從側面看，耳朵、肩膀與腰部都維持在一直線上的姿勢。最重要的是拿著手機或書籍的位置，要稍微高於胸部，讓頭部在脊椎上方，不要彎曲頸部，下巴往內收，這樣放低視線便能看見，站立手持的重點也是如此。此時將手肘貼緊身體，姿勢會相當優雅。

這並非辦不辦得到的問題，而是要在心裡描繪著「我想要這樣的姿勢」，意識到放鬆的時候就端正姿勢，持續努力地累積這些小小的改變，會成就妳未來的美麗。

會擺姿勢就很上相

POINT

- 別刻意想說要拍得很漂亮，而是盡情歡笑，如此終能獲得平常的笑容！
- 拍攝前，瞬間用力閉起眼睛再睜開，眼睛會水汪汪的。

知道上相的姿勢，會變得喜歡照相

擺姿勢會改變照相出來的效果。如果喜歡的照片增加了，會變得喜歡照相，因而對自己也更有自信……。以下介紹拍照的重點：

＊照相時不是完全正面站著面對鏡頭，而是身體稍微斜轉，只有臉部正面對著鏡頭，拍起來有修身效果。肩胛骨往後夾，確實展現頸下胸上區喔！

＊雙腳併攏也不錯，不過單腳往斜後方站，前腳正面面對鏡頭，抬高前腳的腳跟，像要秀出腳趾甲一般，拍起來很優雅喔！

＊雙手輕輕在肚臍附近交疊，比起用手指甲正面面對鏡頭，展現小指側的側面更有立體感，拍起來更有女性的優雅氣質。

＊雙手與腰部之間留出空位，能見到腰線，增加女人味。雙手在身體前方交疊，或是單手放在腰上皆可。只要手的位置稍微往上，腳看起來會更長。請務必試著研究最適合自己的最佳擺位。

第2章

氣質女神動作之小心機

展現優雅意外地簡單

動作會流露心態，

心靈不從容時，任何動作都顯得粗魯。

首先從調整好心情，讓每個動作都用心做好開始吧！

此外，做出美麗優雅的動作重要的是下功夫，

別偷懶喔！

記得「無法從容時更要仔細」，

日復一日地練習身體自然會學起來。

課程重點

- 首先封印「順便」動作
- 精進動作要做重量訓練
- 意識到需要再和緩一些
- 不從容時更要仔細

動作

封印容易無意識做出的「順便動作」

一次一個動作正是優雅之源

您聽說過「一次一個動作」嗎？這指的是一次只做一個動作，換句話說，就是不要做「順便動作」的意思。「一次一個動作」是優雅美麗動作的基礎，集中精神、用心做好每個動作。感受到優雅的人，自然會一次一個動作。

拿開關紙門為例，首先要坐在紙門前方，向房間裡的人打招呼，然後分3段打開紙門。一段一段，確實做好每個步驟，會非常優雅。

一切都令人感受到端正高雅的茶道動作，基本上也是一次一個動作。問候眾人之後行禮、拿了道具再起身、確實坐穩後再放下道具。徹底做好每個動作，便產生了美感，也象徵了專心致志。

忙碌的現代人大多是那個也弄、這個也做，手中同時忙好幾件事，彷彿像千手觀音似的。正因為如此，刻意一個動作一個動作地用心仔細做好，便能抓住人心。

忙著某事的同時，不看對方的臉只有嘴上回應對方，這種面對別人時的「順便動作」，會超乎自己想像地讓對方感到遺憾。或許有人覺得這沒什麼，然而，被如此不尊重的對待，沒有人會感到開心吧！像這樣看似不起眼的小事，實際上卻是忽略不得的，這很重要喔！

此外，越是忙碌焦急的時候，越是將每個動作都仔細做好，大部分的事情反而會順利進行。這麼做也能防止犯錯、或是造成別人的麻煩。所以要記得，一次一個動作就好了。

小心這些舉動！

＊不要一邊工作頭也不抬地打招呼，或是僅盯著電腦畫面、文件之類的對別人下指示，而是要**看著對方的眼睛**告訴對方。

＊走路時如果手機響了，暫時**停下腳步**。

＊不要一邊開口打招呼、一邊鞠躬，而是要**說完話之後**再鞠躬。

＊撿東西時，不要邊蹲下邊撿，而是要**蹲好**再伸手去撿。

＊不要邊走邊點頭致意，而是要**停下腳步站好**，再點頭。

＊不要獨自一人看著手機吃午餐或下午茶，**邊看邊吃**不優雅喔！

動作

不發出聲響地緩緩動作

擺脫「粗魯」的印象

「聲音」會左右人的印象。舉辦講座時，我問了課堂上的學員：「各位身邊有這類型的人嗎？」，鑾高的機率大家會異口同聲地回答「有、有這種人」。其中也有人回答「說不定我自己也有這種傾向」。這種人是哪種人呢？那就是「總會發出聲響的人、發出聲響很大聲的人」。

另外還有：「上班到了公司，不用看也知道是誰來了。那個人走路時腳步聲很明顯，會咚一聲地坐椅子、喀噠地放下東西，杯子放到桌上時也發出聲音，就連敲電腦鍵盤的聲音也很大。一旦開始注意到那些聲音就會讓人介意得不得了，非常刺耳，每當那個人一有動作，我就會想『他又在搞什麼了啊』。」的說法。然而本人沒有惡意，但就是完全沒有注意到自己發出的噪音，如此實在很難跟本人明說。雖然要不要攤開來講也要看彼此間的關係，不過大部分的人都不會說出來。話說回來，如果要簡單地形容那位當事人，就屬「粗魯」這個詞最貼切了吧！

不知怎地動作就是粗魯的人、沒做什麼卻很優雅的人，大大地讓印象天差地別地其中一個因素，就是「聲響」。放下物品時輕柔無聲、舉手投足靜默迅速，心裡想著盡量不要發出聲音，自己的動作就會變得謹慎仔細。很有精神輕快的動作，跟大力粗魯的動作是不同的，優雅成熟的女性會期許自己將「動作盡可能不要發出聲音」這件事放在心上。

此外，速度也會深深地影響人的印象。動作不用說，講話時如「速度稍微放慢一些」也會更加有氣質。雖然並不是指緩慢就沒錯，不過講話像機關槍一樣快速的話，別人是聽不進去的，因為這樣沒有「間隔、時間」讓人在腦海裡描繪、理解妳講話的內容。同樣的道理，急匆匆地動作，毫無餘韻可言。安靜地放下物品，直到最後都謹慎用心的動作，會留下美麗的餘韻。沉穩仔細的動作會帶來從容的心緒，成為考慮到周遭的力量，防止犯錯，做事效率也能提升，最重要的是能帶給別人優雅的印象。要不要試著刻意放慢速度，動作也好、說話速度也罷，比平常再緩慢那麼一點點呢？

從悠閒地動作開始

我拜讀了順天堂大學醫學部教授——小林弘幸教授的著作《「悠閒地動作」，讓人生一路順暢》。悠閒地動作能強壯心智，似乎還能統整呼吸及自律神經。此外，茶道等日本傳統文化，或者餐桌禮儀、禮節，好像也非常有調整自律神經平衡的效果呢！

悠閒從容又優雅的動作，相當能整理心緒。我從小便學習茶道，在那段時間中感覺相當舒服，與自己平常的生活完全不同，即使身為孩童也能感受到那種安靜的氣氛，變得沉穩。

自從我能教授禮儀或舉止儀態後，心情能驚人地保持平靜，我想這也是託悠閒動作的福，這再次讓我確信**「儀態會打造心態」這件事**。

動作

動作俐落瀟灑，就需要重量訓練

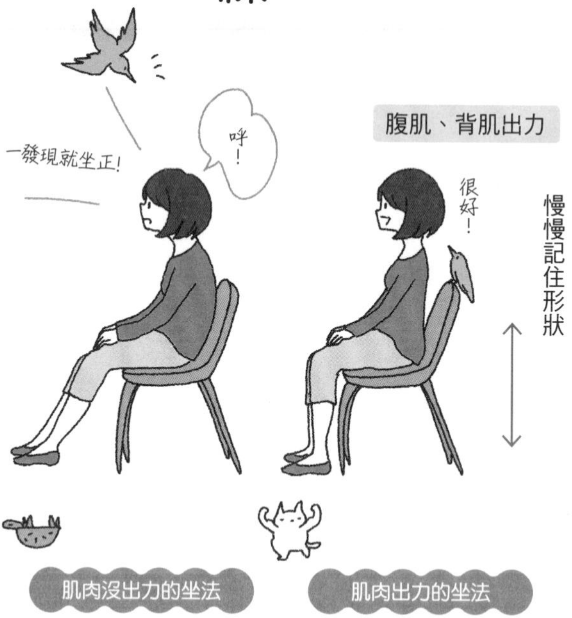
一發現就坐正!
呼!
腹肌、背肌出力
很好!
慢慢記住形狀
肌肉沒出力的坐法
肌肉出力的坐法

優雅的動作不輕鬆

在練習儀態的課堂上，經常能聽到「肌肉居然要這麼用力！」、「肌肉痠痛了」等意見。無論優雅地站著、坐著，做什麼都必須用到體幹與肌力，所謂優雅流暢的動作也都是靠著肌力才能做到。

聽說有點駝背的人立起骨盆、挺直背脊，保持這個姿勢1小時左右，到了隔天幾乎不會背痛。要優雅地坐在椅子上、撿東西，如果腳沒力就會搖晃。一直併攏膝蓋坐著，會用到大腿內側的肌肉。坐的時候想改變腿的位置，如果沒有腹肌是無法順利進行的。

如果想要儀態隨時俐落優雅，要習慣使用肌力的動作喔！能夠運動最理想，不過光是意識到要實踐優雅的儀態，也是種重量訓練；單純靠著每天維持優雅的儀態也會有所不同，丹田用力能鍛鍊到深層肌肉，會讓圓滾滾的肚子消失。如果持續注意下去，反而會變成保持優雅姿勢比較舒服、輕鬆。

動作

比起鞠躬好幾次，一次優雅的行禮更有價值

POINT

- 說話與行禮要分開。
- 不要駝背。
- 起身時動作要緩慢。

「謙虛」與「卑微」只有一線之隔

妳有過這樣的經驗嗎？向人打招呼時，一不小心就會鞠躬好幾次，對方説話自己也跟著不停點頭。鞠躬是個很慎重的禮儀，也是日本人表現敬意的特有方式，然而不停鞠躬的樣子對歐美人士來説，看起來「像是蝗蟲」，有時不免給人卑微的印象。打招呼時要帶著笑容看著對方的雙眼，明確地説完話之後，再仔細地低下頭一次，這樣是不同層次的優雅。正因為行禮是表達心意的動作，所以要誠心誠意地做出僅此一次的鞠躬，重視這次機會。

行禮有下列3種方式，其角度視狀況而定：

點頭示意15度：日常打招呼、進入離開房間或在走廊錯身而過時。

敬禮30度：送迎顧客、對上級表示敬意時。

最敬禮45度：道歉、表示深刻謝意、目送重要顧客時。

與其講究角度，不如順從心裡想表現出的禮儀程度，如此便能自然地行禮。

為了能優雅端正地行禮，下列3個重點請放在心上：

說話與行禮要分開：如果一邊行禮一邊說話，話都說給地板聽了。為了要話說進對方心裡，別邊行禮邊說話，而且要帶著笑容看著對方的眼睛，好好把話說完再行禮。此時一次一動作的原則也很重要，打招呼與行禮都要用心。

不要駝背：挺直背脊，以腰部鞠躬。手放在身側，配合行禮自然往前。從頭到腰，整個背部呈一直線，這是重點。只有彎曲頸部，或是駝背行禮並不優雅。此外，姿勢不良的人視線會朝正下方，視線記得看著斜前方，如此一來，抬頭時視線自然與對方交會。抬起頭時也別忘了，再看著對方的眼睛微笑喔！

起身時動作要緩慢：行禮並不是頭低下去就結束了，之後的餘韻才是重點！俐落

地低頭之後停頓一拍，接著比低頭時更用心地慢慢抬起上半身，會留下讓人感覺仔細的餘韻。

尤其點頭示意的機會很多，許多人只有彎曲頸部的點頭、邊走邊點頭，或是會不停點頭。暫時站定，雙手輕輕交疊向對方打招呼，能給人好印象。

優雅柔美行禮的祕訣

在商業場合中，背部成一直線、從腰部俐落鞠躬是很優雅端正沒錯，不過稍微帶點腰間曲線，會更令人感受到有氣質的女人味。雙腳稍微前後錯開，雙手輕輕在肚臍下方交疊，想像著用頭部畫出圓弧，略遲一步跟上身體動作的樣子，接著，有如用睫毛輕撫著那道圓弧般行禮。如此一來，身段將會相當優雅柔美。低下頭時，注意頭髮不要沾黏到臉上也很重要。

動作

藉著手腕、指尖讓手部表情變得優雅

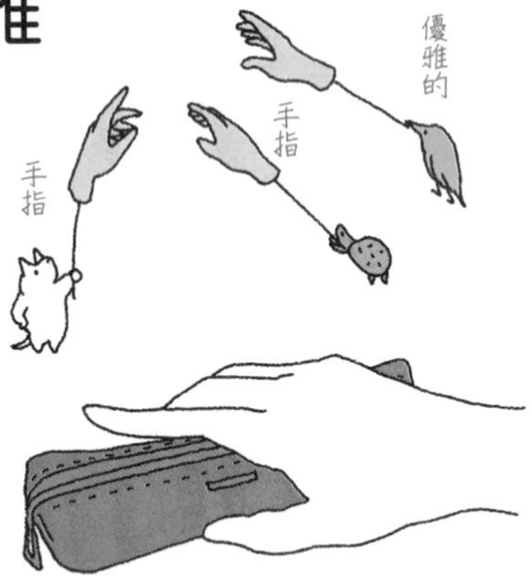

POINT

- 手指併攏。
- 用拇指、中指、無名指這3根指頭
- 手掌有如包覆著雞蛋，做出輕柔的弧形。
- 輕輕抬起、伸直食指。

優雅氣質在於指尖

人的視線常意外地落在手部。手也有表情，手部的動作與姿態經常透露著人的個性。許多人即使注意到自己的臉部表情，卻忽略了手部表情。教導如何使用手部之後，常聽到學生們說「感覺變得非常優雅，動作會想要更小心謹慎」，若連同指尖都注意到的話，便能逐漸改變自己身旁的氛圍。

讓手部看起來優雅的祕訣在手腕

手腕輕輕彎個角度，便使得氣質、女人味更上一層樓。手部往手背翹45度左右，接著掌心到指尖處往內折，手腕處內凹、指掌相接處凸出的感覺。掌心有如包覆著雞蛋，輕柔地彎曲手指，大拇指有如交疊著收進內側。拿取物品時、手放在身側等，日常生活中各種場合都能這麼使用，手部會變得相當優雅。

手指時常併攏：手指不要張開，任何時候都輕柔地併攏，若能輕輕抬起、伸直食指的話更優雅。

拿取物品時：不要用5根手指頭抓，而是併攏手指，主要用拇指、中指、無名指這3根指頭去拿。小指輕輕靠著無名指，手呈圓弧狀，輕輕抬起、伸直食指，看起來指頭更修長優雅。拿東西時像在對待易碎物品，溫柔地用指腹拿；拇指與食指容易無意識地出力，但如果是用拇指跟中指為主的拿法，動作自然會變得小心謹慎。

用手指引時：不是用手指，而是用整個手掌來指引。指引的時候手指優雅地併攏、掌心讓對方看見，秀出掌心給人心胸開放的印象，自己與對方也較容易放鬆。

呵護手部

前面提過，人的視線會落在手部，尤其又以自己看得最多。正因為如此，會想要讓手部變漂亮。某位學生曾告訴我：「因為牽手的時候想要留下柔嫩的觸感，所以我很重視手部保養」，這想法真棒呢！我想，仔細地塗護手霜是效果最好的方法，我自己習慣在1天中塗好幾次護手霜，包包裡也隨時放著護手霜。

要想仔仔細細塗到每個角落，沒有時間或者心態不從容的話大概做不到吧，所以這也能當作自己心緒的氣壓錶，盡可能地呵護自己吧！讓手部甚至指頭變漂亮，很多人會連帶手部動作都會變漂亮。

動作

交付物品時要輕柔、小心慎重

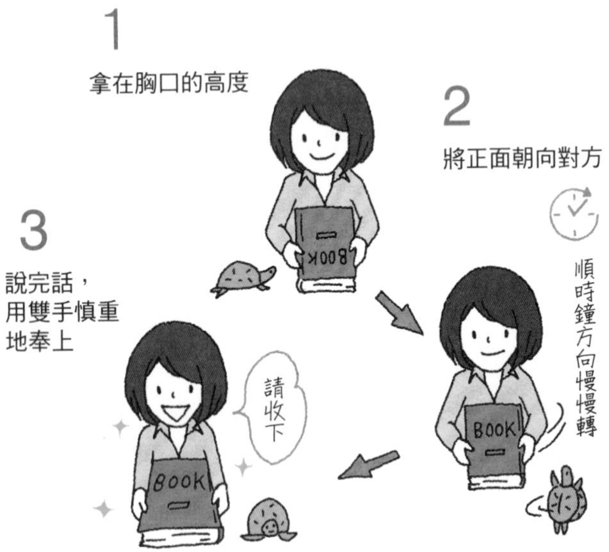
1
拿在胸口的高度
2
將正面朝向對方
順時鐘方向慢慢轉
3
說完話，
用雙手慎重
地奉上
請收下
BOOK

越是不從容越要用心

謹慎的動作能帶來心緒的從容，越是不從容的時候，動作刻意放慢，能讓心裡冷靜下來，效果驚人。要不要試著無論何時都用雙手拿東西，或是單手拿東西、用另隻手扶看看呢？

無論何時都用雙手拿東西，或是用另隻手扶著

交付物品時的基本動作為：**①拿在胸口的高度、②將正面朝向對方、③說完話，用雙手慎重地奉上**。將物品拿在胸口，能傳達重視對方的心意。一旦確認物品的正面是朝著自己，要在手邊慢慢轉動，讓正面朝向對方，多這點功夫會給對方非常細心的印象。接著點頭示意說「這是○○，請收下。」簡單說明並帶著笑容交給對方。將物品放在對方方便拿取的位置，溫柔地遞交出去吧！就這麼簡單的動作，也能蘊含許多用心。

交遞物品時走近對方身邊

如果對方離自己有段距離，也許會想說手伸長一點遞過去就好了，不過還是走到對方身邊再給吧，別吝惜走那幾步路。如此一來，收下物品的人也會感受到妳的尊重、珍惜。此外，在身體寬度的範圍內移動手部，動作會更女性化、有氣質；請時時記著，要稍微夾緊腋下，手部再動作。走到對方身邊，便能如此用優雅的動作交付物品。

拿筆給別人時，首先要確認那枝筆能否順利書寫，因為拿了筆給別人，卻寫不出來的情況很常發生。若想請對方立刻書寫，我們要先拿掉筆蓋、露出筆尖，筆尖朝著自己，帶著笑容說「請用」地遞給對方喔！如果能更進一步看出對方慣用右手或左手，讓對方拿了筆便可直接書寫就更完美了。

如果突然要付現金，從錢包拿出來直接給人也無妨，不過用小紙袋包著再遞出更聰明。用紙袋包著比直接拿現金更優雅，光這樣就能感受到成熟人士的體貼。遞出袋子時也要注意方向，開口最好朝向對方，我想這樣收下的人會更容易取出。

思考對方方便收下的方式

不經意地用心正是優雅女性的祕訣。以前曾有人用前述的方式將筆或錢遞給我，一瞬間我就喜歡上了對方的細心與體貼，之後我也學著用他的方法。自己受到如此對待會感到高興、開心，而自己也如此對待別人，產生了愉悅的良性循環，希望這種良性循環越來越多。當然，若沒有人發現這種用心也是無妨的，對方沒有注意到這種不經意的體貼最是理想。待人著想能提高人生的品質，不僅在交付物品時，任何時候都試著站在對方的立場去思考很重要喔！

動作

優雅的坐姿，也能訓練肌力

POINT

- 坐下時挺直背脊。
- 視線也要直直向前。

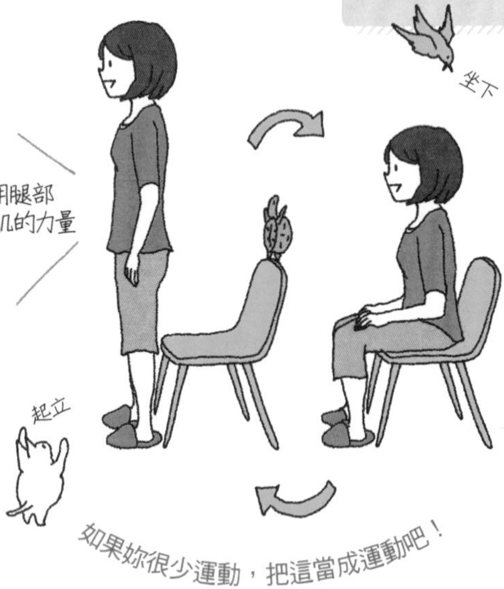
使用腿部
及腹肌的力量

怎麼坐下，就怎麼起身

坐到椅子上時，大部分的人會屁股向後並駝背。雖然這是自然的動作，不過更優雅的坐法是：上半身保持站立時挺直的姿勢坐下。人站到椅子正面，單腳向後退，直到後退的小腿肚碰到椅面。如此一來即使沒有往後看，也能知道與椅子間的距離，可以放心地坐下。跟站立時一樣挺直背脊，垂直地坐下吧！

準備站立時也一樣，坐著的單腳向後退一步，這時候膝蓋要併攏喔，接著挺直背脊，臉朝正前方，垂直地起身，腹肌要出力，別放鬆囉！

與以往習慣的坐法、站法相比較，應該能實際感受到這種方式相當需要腹肌及腿部的力量。如果反覆練習，很快就會習慣了，腹肌及腿部也自然會更有力氣，因為優雅的儀態站姿能自然而然地維持肌力。

動作

挺直背脊撿拾物品

POINT

- 不要邊蹲邊撿。
- 用軀幹及腿部的力量垂直蹲下。
- 雙腳前後錯開更優雅。
- 蹲下時不張開膝蓋。

也要隨時挺直心靈的脊梁

撿拾掉在地上的物品、從最下方的抽屜拿出東西、擺齊脱下的鞋子等，日常生活中蹲下的機會意外地多。越在這種時候注意到動作地優雅與否，心靈的脊梁也會跟著挺直。

撿拾物品時，不要彎腰往前撿，而是要站到要撿的物品旁邊，挺直著背脊往下蹲。雙腳並排也無妨，稍微前後交錯的話姿勢會更優雅，膝蓋務必併攏。併攏手指，輕輕撿起物品，再用另一隻手扶著，變成雙手拿著的狀態。

擺齊脱下的鞋子之類的情況，等能冷靜下來之後再處理，一旦啪地迅速動作，很容易忘記。課堂中曾經有學生的筆掉在地上，他反射性地用往常的方式撿起來，那瞬間他突然回神意識到的説：「啊～明明才剛學過呢」，大家都不禁笑了出來。剎那就能完成的動作更要優雅，透過每天的注意，好好記起來喔！

動作

輕柔的動作
更能帶出女人味

藉由動作能成就妳的不同模樣

即使是相同的動作，不同的人來做都會顯現出各自的個性，比方說直接了當的動作給人端正的感覺，輕柔的動作則給人優雅的印象。

交付物品時，即使同樣「指尖併攏，優雅地拿著，細心地轉向對方後再遞出去」的流程，看是要「筆直俐落地遞出去」，或者「像是畫曲線一般、似乎會輕輕落在對方手上地遞出去」，兩者動作給人的印象不同。用手指引時也有「指尖併攏、掌心挺直，俐落地指引」，或者「掌心呈圓弧狀，有如花朵綻放般畫圓，用柔美的曲線來指示引」，兩者給人的印象確實有差距。就這麼些微的差異，無論哪種妳都做得到。

在商業場合中保持端正，私底下就柔美，可以視情況改變，不需要都維持同樣的動作。只不過，不僅是妳想成就怎樣的自己，更要重視自己怎樣的動作適合當下的場合，這也是顧慮到對方或身旁人們的一環。

第 3 章

氣質女神 表情 之小心機

優雅的神情溢於言表

比起臉部，氣質女神更應該注意到的是神情。
隨著年歲增長，常做的表情會刻在臉上，
如同形狀記憶一般變成妳未來的臉；
正因為如此，要時時注意表現出開朗的神情。
此外，人們能從妳的神情讀出超出言詞的感情，
展露笑容不用說，也要重視沒有表情的時候，
一旦對方注意到妳的表情，你們的溝通也會隨之改變。

課程重點

- 首先要揚起嘴角
- 適切地將感情表現在臉上
- 藉由下巴的角度改變印象
- 眼神流露的訊息不少於嘴巴

表情豐富的人較受到喜愛

面無表情的話
有這些缺點！

1 讓對方不安

2 對方要顧慮妳的心情

3 難以搭話

成為讓人自然靠近的人

表情豐富、能率直表現出喜怒哀樂的人是相當有魅力的，這樣的人容易給別人好感、讓人較容易了解自己，也帶來表裡如一的形象，如此對別人敞開心胸的感覺，**能讓人「感到安心」**，人們也就自然而然地聚集在他身邊。如果總是面無表情，別人很難知道妳在想什麼，因此需要顧慮更多。當然表現出太多感情，以一個成熟人士而言不怎麼有品味，若能時時適度、率直又輕柔地表現為佳。

想讓表情豐富，必須打從心底傾聽對方說的話。不擅長顯露表情的人心裡可能會有害羞、丟臉、緊張到僵硬或害怕等各種情緒，不過那全都是自己的看法。試著認真傾聽對方說的話，由衷地貼近對方的情緒、將對方擺在自己之上，如此一來，自然會受到感動，流露出在談話中順應內容的表情。打從心底陪伴別人，大家會聚集在這種人身邊——受到呵護也是理所當然的呢！

表情

光是嘴角上揚就能成為容易搭話的人

POINT

- 揚起嘴角數公釐。
- 別低頭。
- 過於嚴肅的表情很恐怖！

光是很會講話不代表很會溝通

跟初次見面的人説話，任誰都會緊張，也不是誰都能任由自己積極主動去搭話的吧！不僅不擅長溝通的人，很會溝通的人也務必注意這點——**請成為容易搭話的人**。容易搭話是件非常棒的事，因為在找人搭話、或者想問問題的時候，**人會下意識地挑選對象**。

別低頭是基本禮儀，接著，露出的表情會決定搭話的難度。笑咪咪的表情不用說，若無其事時的表情也很重要，而嚴肅的表情則使人害怕。光是注意到並揚起嘴角數公釐，表情就會變得柔和，也讓別人容易來搭話。

即使不擅長説話，能夠成為別人容易搭話的對象，溝通機會自然跟著增加，邂逅的機會也變多喔！

常說正向的話語，就是最棒的美容

POINT

・看著鏡子，逐漸提高音量語調地說「真開心、好有趣、真好吃」，反覆3次。

一旦注意到就揚起嘴角

臉部會隨著生活方式改變。妳每天是用怎樣的表情過生活呢？是笑容嗎？還是溫柔的表情呢？請試著回想看看。開心、溫柔、有趣，請盡量將這些正向的感情傳遞給周遭的人，並盡量說出正面的語詞。說出「真開心」、「好有趣」和「真好吃」時，看著自己的表情，可以發現自己的嘴角一口氣上揚了，表情自然變得很棒，這是最高明的美容。

不僅表情有變化，用詞積極樂觀的人也會不由自主地積極樂觀、用詞溫柔的人會變得溫柔，口中說出正向語詞會「實現」，就連夢想都會實現。盡可能對自己、對別人都使用正面的語詞喔！那麼妳的表情應該會越變越漂亮。每天說出口的話會逐漸形成自己的臉孔，所以就拿「真開心」、「好有趣」和「真好吃」這類正面的用詞當口頭禪吧！

表情

佛祖的微笑是最佳典範

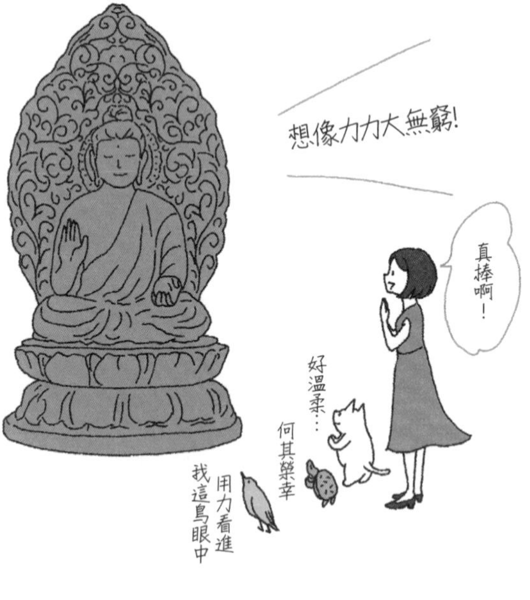
想像力力大無窮!
真棒啊!
好溫柔…
何其榮幸
用力看進我這鳥眼中

重要的是全面的安心感

微笑總是掛在臉上的女性很迷人，沉穩的微笑會讓人幸福。光是微笑著就能讓人感受到溫柔的氣息，這不正是微笑最大的魅力嗎？

我的老家是位於奈良的寺廟，我每天都近距離地看著佛像長大。隨著年齡增長，我越來越覺得佛祖深懷慈悲的眼神、微笑，是最好的典範，讓人感受到接受一切、包容一切的安心與肯定感。

如果想要當個微笑總是掛在臉上的女性，就要盡可能地包容人、事、物原來的樣子。必須堅強才能包容，所以我認為那種堅強正是微笑的源頭。

希望各位留心的是，先別急於否定別人，而是試著去包容對方。每個人都有各自的想法很正常，價值觀不同也是理所當然的。如果有了不同的意見，不要想說我跟這個人不合，而要想說「原來還有這種想法啊」地包容對方。承認、尊重對方想法的同時，也確實地站穩自己的立場。不逞強好勝，認同對方，自己也能受到認同，就這樣平等無私地相處吧！此外，即使有無法原諒的人存在，選擇寬恕，感覺會比起任何事物更能讓自己強大。

不僅對人，對事物也是如此。世事百百款，沒有人能永遠一帆風順。所以無論發生什麼狀況，都不會一直持續下去，必定出現變化。狀況越艱辛，克服時越能成為自己的力量。包容別人、克服未知的困境都需要堅強，這種心靈理想的狀態、沉穩堅定的意志，能透過練習儀態來打造。

想要受到尊重，先尊重別人

練習儀態後，會增加別人對妳的尊重。並不是想著「必須尊重別人」、「因為想備受呵護」等等緣故，單純將儀態放在心上，自然而然就會尊重別

人。在不知不覺間，之前的付出也會慢慢回饋到自己身上，也會受到他人尊重。受到別人的尊重能提高自我肯定，進而正向看待一切。如果有個打從心底替自己著想的人，即使只有那麼一位，人也會變得堅強。這種感情會用微笑自然地表現在臉上。

經常聽到別人說「無法尊重自己的人，也無法尊重別人」這句話，絕對沒錯。對老是替別人著想的人來說，總是把自己的情感順位往後排的話，很有可能會適得其反，不過試著去珍惜別人還是很棒的事。

儀態用心，如果能真正尊重他人，那麼由衷重視呵護妳的人必定會出現。讓自己的儀態打造出能沉穩微笑著生活的心靈吧！

用抬起下巴的角度改變外表給人的印象

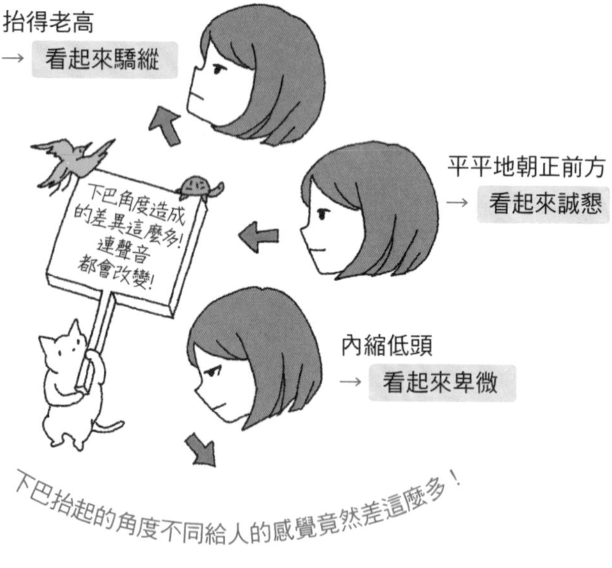

→ 看起來驕縱
平平地朝正前方
→ 看起來誠懇
→ 看起來卑微
下巴角度造成的差異這麼多！連聲音都會改變！
下巴抬起的角度不同給人的感覺竟然差這麼多！

角度不同，視線、聲音、形象都會改變

實際上，談話**與其說是用聽的，更像是用看的**。即使內容相同，根據說話時的態度、姿勢和表情，給人的印象與感受會完全不同。比方說光是改變下巴的角度，就會改變妳的形象、視線，甚至聲音的音調都會不同；最能給人誠懇形象的是直接看著對方。大家多少都會有意外沒發現到的小動作，跟別人說話時請稍微留意一下，也可以刻意選擇適合該場合的形象。

・**高高抬起**下巴……**驕縱**
・**稍微抬起**下巴……**從容**
・不抬起下巴，**平平地**朝前……**誠懇**
・**稍微內收**下巴……**收斂、深思的**
・下巴內收**低頭**……**卑微**

表情

為了讓對方感到自在，不宜直盯著對方雙眼

基本

整張臉，從眉間到頸部

給人開朗的印象

額頭附近

給人柔和的印象

鼻頭或嘴角附近

雖然說 看著別人眼睛說話很重要……

說話的時候、聆聽的時候看著對方的眼睛是基本，也很重要的禮貌。不過，**不能死盯著**對方的眼睛。換作是妳一直被盯著看，會不會想移開視線呢？其實一直盯著對方的眼睛，會**讓對方感到恐懼而不敢亂動**，這絕對稱不上相處愉快。相處時的感受舒不舒服，在人與人來往中是相當重要的，會希望別人跟自己在一起時有「跟這個人相處很愉快」的感覺。

直視對方雙眼最合宜的時間大約僅有2秒，雖然說要「看著對方的眼睛」，但並非只盯著對方的眼睛。基本上會看著整張臉，將視線放在眉間到頸部的範圍。如果看對方的額頭一帶說話，自己的視線會稍微揚起，給人活潑開朗的印象。如果看著對方鼻頭到嘴角一帶，自己的視線會略略朝下，給人更柔和的印象。雖然差異不大，但在近距離說話時，請試著注意自己的視線，跟對方愉快地相處喔！

表情

渴望對方了解心意時
不要眨眼睛

做不做差很大，善用眼睛表達主張

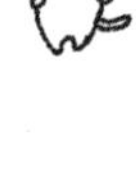

有關視線的技巧，還有一個要介紹的是，能夠讓「意見」或「請求」變得更容易的祕訣。看著對方的眼睛說話是最基本的，不過當妳「特別希望是這一點求你搞懂」、「這很重要，希望能確實傳達給你」或是「主張自己的想法」等時候，**說話先別眨眼睛**。不要眨眼睛、用力睜大雙眼，凝視著對方說話，如此一來，更能傳達妳的認真程度、意願的強度。

正如俗語「眼神流露的訊息不遜於嘴巴」所說，眼神能傳達的訊息很多。日本人似乎比外國人更有從眼神讀取情感的傾向，相反地，外國人則習慣從言詞等去判斷。正因為亞洲人是重視神情的民族，所以會希望希望妳學會善用眼神的魅力。用力閉起眼睛、再啪地張開，光重複這個動作幾次眼睛就會變得水潤、更閃動人有魅力。眉目是可以傳情的喔！

第4章

氣質女神服裝之小心機

妳穿的服裝定義了妳

整理儀容也是儀態的一環，
服裝象徵著妳給人的形象。
反映妳的內在，
所以更是需要用心打點裝扮。
妳的穿著也能展現對對方的心意，
偶爾在自己的喜好前優先考慮對方的立場，
選擇適合當下場合的服裝，
才是作為氣質女神的正確答案。

課程重點

- 妳穿的服裝代表了你
- 掌握「TPO」會更有自信
- 偶爾選擇比自己喜好更適合的服裝
- 在服裝中融入對對方的心意

服裝

整潔讓人信賴，俐落展現優雅

越成熟越需要適當的打扮

前面提過，去除化妝或服飾等因素，能讓妳散發光芒的是儀態。在這層意義下，「服裝」比較不算在儀態之內，不過也有人說，服裝是內在的最外層。此處不討論時尚流行，而認為打理自己、遵守服儀的規則也是對周遭用心的表現，以下將把服裝視為儀態之一，從這觀點來介紹說明。

越成熟越需要整齊清潔的服裝，因為**整潔＝信賴**。並不說要多乾淨，而是要給人整潔的感覺，或許也能說是種**「盡善盡美的感覺」**。連小地方都能注意到的人，被認為也能注意到其他事情，進而產生信賴感。

反過來說，不管一個人有多能幹，如果看起來很邋遢，會讓別人產生「這個人真的沒問題嗎？」的不安。正因為外人容易見到自己的缺點，所以不要因為服裝而讓對方感到不安，是身為成熟人士很重要的考量。

　　此外，服裝也需要俐落感。年輕時即使服裝有點陰暗、邋遢，也能靠年輕人的活力撐起來。然而年過三十之後，更容易顯露出疲勞或鬆弛的樣子，所以慘不忍睹的邋塌樣貌千萬別外顯，因此穿搭上的**「俐落感」**十分重要。

　　「俐落」擁有超乎想像的力量，動作俐落看起來就優雅。優雅的人並非天生優雅，而是**儀態優雅所以給人感覺優雅**，所以越是用心保持的人，越能逐漸變得優雅。

　　小細解也不能疏忽，就算哪天覺得麻煩，也對自己說「稍微努力一下吧！」再跟自己小小地奮鬥，每天累積屬於自己的優雅吧！在能力範圍內盡心展現自己的俐落感，時間一長久，就會逐漸收到「真優雅呢、好棒喔」的讚美，很多女神都是這樣培養的。

服裝的檢查重點

＊保養：熨燙平整，沒有髒汙、皺紋、脫線、毛球等。

＊尺寸：尺寸非常重要，如果不合身，便不會有俐落端正的形象。要適合自己的身材，表現出優雅的曲線，需要合身的裁剪，外套或襯衫的尺寸更重要。

＊TPO：時間（Time），地點（place），場合（occasion）。要適合當下場合。若搞錯場合，再漂亮的服裝都不行。

＊末端：連末端都要漂亮。正如俗話所說「美感存於末端」，重要的末端包括指尖、髮梢、腳尖（鞋尖）都要留意。

我看過很多人穿著俐落的服裝，並搭配仔細的儀態，逐漸變得整潔且優雅同時也提振了自己的心靈。用心裝扮的人，比起自己，周遭的人更能看見妳為了形象所做的努力，這些努力累積後也會讓妳面對眾人的心胸更加從容。

服裝

以服裝表現對對方的敬意與體貼

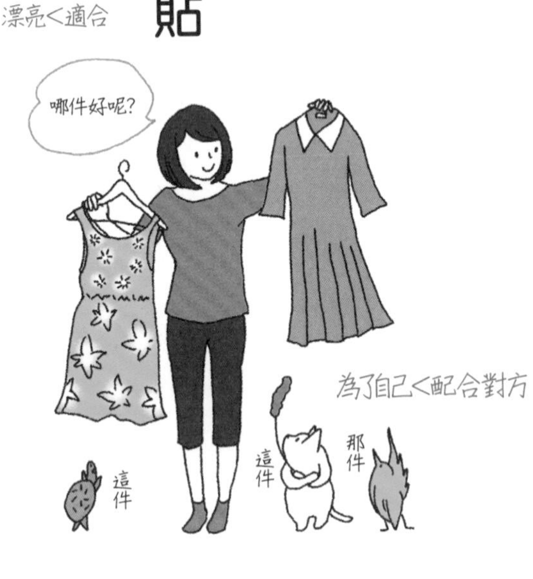
漂亮<適合
哪件好呢?
為了自己<配合對方
這件
這件
那件

服裝要配合對方

穿得漂亮是為了自己，而喜歡的衣服更是可以表現自己的個性。成熟的女性則需要更進一步使用「服裝語言」，將周圍狀況都考慮進去來選擇服裝；並非是想穿什麼就穿什麼，而是會考慮到對方及場合來挑選服裝，這點非常重要。服裝能表現情感，就將對對方的心意融入妳的服裝吧！

我有過因為對方與我見面時的用心穿搭而感到開心的經驗。我會認為對方很期待與我見面，是由於他依照對我的印象手工做出了小飾品，在見面時穿戴著看似嶄新的設計卻讓我備感熟悉的配件。光是想到他心裡一邊顧慮我一邊花費時間準備的心情，我感受到的快樂也跟著倍增。

當然也有跟前述完全相反的軼事。有人在自己孩子的結婚典禮上，看到某位親家的親戚穿著太過休閒的服裝出席，而覺得自己被當成傻瓜看待了。結婚典禮是人生中值得慶賀的大場合，不管對即將結為連理的新人，或者其家屬們都相當重要，正因為如此，更要將祝賀的心情融入服裝中。雖然光憑服裝並非完全代表妳的心意，但是因為服裝讓對方家屬失望也是件憾事。

此外，近年來，選擇家族葬的人逐漸增加，曾有人問我「家族葬也非得穿很正式的喪服不可嗎？」喪服是為了誰而穿的呢？最大的理由是為了死者。正因為喪服也用來對死者表示敬意，還是穿著正式盡禮數較好。

有疑問就請教主辦者或會場

參加某某會的時候，思考一下該會的主旨、這是什麼類型的聚會，以及會要求穿什麼樣的服裝吧，因為參加者的服裝是**「形成該聚會氣氛」相當重要的因素**。主辦者到當天都會耗費心力做許多準備，於是穿著適合該場合的服裝，也是對主辦的人及與會者表示敬意。如果是盛大慶祝的場合，要穿著

能襯托主角、錦上添花同時又能炒熱聚會氣氛的服裝。如果服裝太不適合該場合，難保不會破壞當場的氣氛，如此一來不僅自己不好意思，也會給邀請的人帶來困擾。

只顧著自己高興而隨意打扮，在禮節上絕對是不行的，也絕對不是優雅的舉止，尤其在規制嚴謹的場合，與其穿著凸顯自己個性的服裝，**「更重要的是遵循該場合的氛圍」**。

若受到邀請，有時會配合該聚會的主題或會場指定服裝樣式。若沒有特別指定又很煩惱不知該穿什麼好的時候，就請教主辦者或會場。

若是舉辦在高級餐廳的場合，為了維護該店家的氛圍，會事前決定服裝樣式，也有店家會明訂顧客禁止穿著的服裝。若服裝不當，也有可能會改變其服務方式，服裝就是這麼重要。姑且不論明訂服裝樣式的場合，即使沒有特別規定，選擇服裝時也要融入對方的敬意喔！

婚喪喜慶的服裝重點

以下將介紹在正式的結婚典禮、喪禮上的服裝重點：

結婚典禮的服裝

結婚典禮是莊嚴隆重的場合，服裝要能表現祝賀之意、華麗有禮，但又不能搶了新娘的鋒頭。不管結婚典禮是午宴亦或晚宴，服裝都盡量別過於裸露；可穿連身洋裝或兩件式服裝，顏色避開新娘用的白色。同布料的包包與鞋子很正式，然而時下流行的皮製品雖美觀，如果讓人聯想到殺生的皮草或鱷魚皮等爬蟲類的皮革就先別穿戴。同時切記不要沒穿絲襪，或者穿著黑色內搭褲、網襪之類的喔！

喪葬禮的服裝

穿著喪服時，髮型及妝容都要樸素低調。除了結婚戒指可以留著，其他首

飾都要拿掉，如果真要戴首飾，就戴單串的珍珠項鍊（雙層式的會被認為禍不單行，一定要避免）。髮飾要用黑色的，有做美甲的人必須要卸掉或者戴黑色手套。鞋子跟包包也都要黑色的，並盡可能選擇沒有裝飾或光澤的，同時避開鱷魚皮等爬蟲類皮革。大衣也盡量選擇黑的比較好，但如果沒有黑色大衣，就選顏色樸素低調的。白色手帕、弔唁用的袱紗或佛珠等用品要記得整套準備齊全。

關鍵看這邊

時尚休閒（Smart casual）

在餐廳用餐是以所謂「時尚休閒（Smart casual）」的指定穿著為主流。在有格調的餐廳也好，跟親朋好友、戀人聚餐也好，大多數場合不用穿得那麼規矩制式。具體來說，時尚休閒風格比結婚典禮等穿的正式服裝再隨興一點，又比平常穿的衣服更俐落有型，如華麗優雅的洋裝、襯衣與裙子等服裝。約好可以穿著「普通服裝」的隨興續攤、在餐廳或飯店的餐會、同學會或輕鬆的派對等都適用這樣的穿著。即便如此，T恤、熱褲、布鞋、牛仔褲、涼鞋等太過休閒的裝扮還是NG，千萬別誤會「休閒」的意思。

服裝

挑選有品味的成熟鞋款

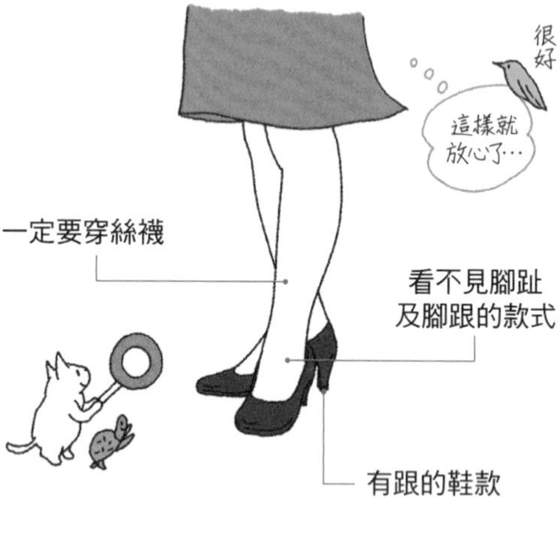
很好
這樣就放心了…
一定要穿絲襪
看不見腳趾及腳跟的款式
有跟的鞋款

在正式場合…

挑選鞋子也要注意禮節

與挑選服裝的原則相同，選鞋也要注意禮節。平時可以穿自己愛用的鞋子，而適合正式場合的鞋子，必須分清楚喔！

正式場合穿鞋子的重點

＊不能露出腳趾及腳跟。
＊要有鞋跟。
＊一定要穿絲襪。

基本上，包覆腳趾及腳跟的樸素包鞋是最有格調、也是最正式的選擇。在正式場合的禮節不宜讓人看到腳趾，所以要避免穿魚口鞋、涼鞋、拖鞋等。也要記得，在嚴肅的場合也要避免穿靴子喔！

在結婚喪葬等正式場合，要能穿包覆蓋住腳趾及腳跟的樸素包鞋。鞋跟的話，有點高度的細跟會更正式，太粗太低的鞋跟會給人較強的休閒感；絲襪也一定要穿，光裸著腳是不合禮節的。結婚典禮或是喜宴上選擇有品味的服飾，表示自己有顧慮到邀請者的立場及感受，如此就是優雅的不二法門。

穿涼鞋、拖鞋、靴子時要注意

無論涼鞋、拖鞋有多時尚漂亮，都要避免出現在正式場合。此外，夏天時打赤腳穿涼鞋或拖鞋的打扮增加，但如果受邀到別人家裡，可別沒穿襪子就踩進別人家。為了應對突然外食，不得不踩進和室、或是突然受邀到別人家作客，沒穿襪子出門時，建議預先在包包裡放一雙不佔空間的襪子或船型襪來應急。稍微下點功夫，就能更近一步成為優雅的女神。

雖然馬靴等靴子類的鞋款，能替秋冬的服飾增添時尚的氣息，不過靴子仍舊算是休閒的單品。長靴、踝靴等短靴也應盡量避免出現在正式場合，或高格調且規矩嚴謹的餐廳等處喔！

商務場合中鞋子也很重要

商務場合中穿的鞋子以符合職場為佳，愈少露出愈好。包覆住腳趾及腳跟的包鞋並穿上絲襪，是最有品味，與誰會面都不會失禮的安心選擇。我認為通勤時穿好走的鞋子，到了辦公室再替換正式的鞋子也可以。

如今工作風格逐漸多樣化，可以穿著休閒服裝的地方也逐漸增加。為了腳部健康，布鞋或平底鞋已成為固定選項。然而在商務場合中，為了能應對突發事件或嚴肅的場面，準備一雙可以替換的正式鞋款會更有幫助。

僅僅一雙樸素的包鞋，便能表示對在場人士的敬意，也能顯示對當下場合的重視。珍惜自身喜好的同時，也能考慮到對方——希望各位都能挑選到兼顧兩者平衡的鞋款囉！

服裝

整潔的包包是女神的教養

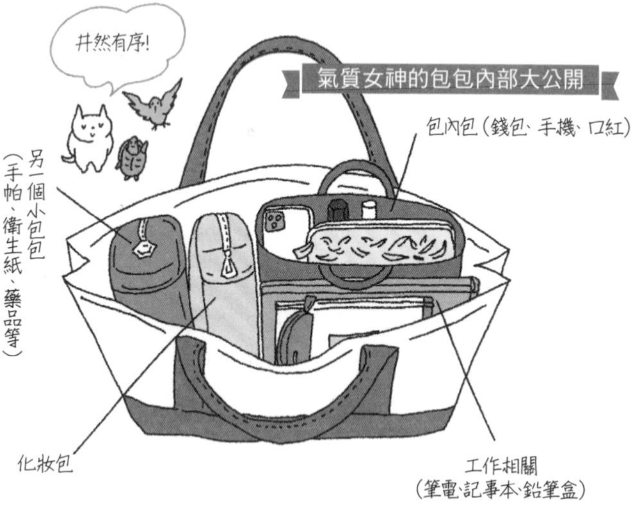

包包裡是妳的房間

女性服飾少不了包包，拿法不同給人的印象也會大大改變，所以希望各位學到優雅的拿法。此外，比起優雅的拿著包包，更重要的是對待包包的方式，也可以說如何對待包包會完整顯露出妳的本性。

邋遢女性的包包內幕

對待包包粗魯、保養隨便

包包髒了、脱落破損卻仍舊使用，肯定會給人粗魯的印象；從珍惜物品的態度可看出尊重別人的態度。

丟著包包大開不管

不只包包，連其他東西打開後就放著不管的人，會給人大剌剌、甚至邋遢粗魯的印象。如果包包開口寬久沒有拉鍊，至少也用手帕或絲巾遮蓋裡面的東西。

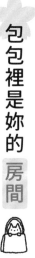

沒有好好整理包包

記得好好整理包包喔！如果能完美地放進去，取出物品時也能很優雅地俐落。化妝包跟錢包也一樣，化妝包容易弄髒，而錢包則容易塞滿發票收據之類的單據。養成每天回家後拿出包包裡所有東西來檢查的習慣，就會變得整齊。很難每天整理包包的話，先試著在週末時整理。順帶一提，如果把隨身小物如化妝包或手帕換成自己喜歡的樣式，會變得更想維持包包的整潔，很推薦這個方法喔！

整理包包的重點

*盡可能意識到必要性的最低限度
・不放不需要或可有可無的物品
・趁當天拿出隔天用不到的物品
*分門別類放進化妝包
*不想拿著化妝包走路的話，活用包內包

形象 UP！

拿包包方式的重點

手提包

如果掛在手臂上，手肘到指尖不要往外擺，而是要放在身體前方比較優雅。不要反手拿，要順手拿，手貼著身體，不要離開。

肩背包

手輕輕靠著包包，不要抓著背帶，手腕轉一下，用大拇指壓著背帶。若是肩背較大的托特包時也是一樣，拿包包那邊的手不緊握，而是輕靠在包上。大型包包肩背時前低後高會很優雅。

登機箱或後背包

比起優雅拿著，更重要的是不造成別人的麻煩。用登機箱或後背包時，比其他任何包款都需要小心，注意是否在無意間造成了誰的困擾，必須隨時看顧周圍情況。

服裝

運用色彩的力量，很多事都能辦到

喜歡的衣服加上適合、令人心動的顏色

個人顏色診斷逐漸發展，現在已經變廣為人知的了。如果知道適合自己的顏色，選衣服也就變得輕鬆。此外，穿上適合自己的顏色，氣色能看起來更明亮，受到稱讚的機會也就隨之增加。

不僅如此，個人造型師的專業服務也如雨後春筍般出現後，由專家來挑選適合自己的服飾，不再是遙不可及的夢想，透過專業建議的加持，感覺更能量身打出屬於自己的穿衣風格呢！

穿戴適合自己的服飾，更能展現出自身的魅力。他人對自己的第一印象可謂舉足輕重，而影響第一印象的服裝如果不偏限於自己的喜好，而是選擇適合自己又能符合場合，便是一大利器。更進一步來說，如果能了解色彩帶給人的心理效果，將會有助於與身旁人們建立良好的關係。我希望能夠帶給每位正在學習禮儀的學生有更寬廣的視野，便去學習了色彩心理學及色彩心理療法。越深入了解，意外地越能實際感受到人的心理會隨著顏色改變而有所影響，於是更想要將顏色的效用應用在各方面。

例如餐飲店會使用增進食慾的橘色，醫療機關則會使用讓人感受到清潔感的藍色系，或者容易讓患者放鬆的柔和粉紅色，考慮色彩心理來營造空間的例子比比皆是。同樣的，要見面的人、要去的場所，或者為了自己的心情，也能活用色彩的力量。認識色彩具有的形象與心理效果後，請務必試著應用在自身的裝扮上。

紅色

關鍵勝負色。熱烈、強大、熱情。

想要力量時、重要關頭一決勝負時，能帶來力量。

橘色

促進人際關係的顏色。提升親和力、溝通能力。
初次見面感到緊張時，能讓對方與自己放鬆。

黃色

明亮、開心、好奇心旺盛。
讓在場氣氛變得開朗。

藍色

能冷靜判斷的顏色。
提高信賴感、誠實度、集中力。

綠色

安穩、沉著、和平、調和、放鬆效果。
給人平靜的安心感、讓人冷靜。

粉紅色

溫柔、幸福感、療癒。
緩和人際關係、給人溫柔的感覺。

第5章

氣質女神飲食之小心機

細心地進食

進食代表活著，

正因為重要，所以要好好面對喔！

跟某人一邊開心地聊天，一邊享受美食，

能同時滿足心靈與身體。

為了讓如此愉快的時光更加豐富，

來學學優雅的飲食方法吧！

知道了必須掌握的重點，

就不會過度拘泥於禮節，

才能夠打從心底的享受吧。

課程重點

- 重視每天的飲食
- 首先熟練地使用筷子
- 學習日式與西式的餐桌禮儀
- 還有比禮節更重要的事

飲食

誠心地說「我開動了」

每天為了重要的三餐都要做的儀式

據說「我開動了」這句話是日本特有的招呼。優雅的人會重視言詞間蘊含的心意，帶著感謝的心，美味且仔細地享用餐點。怎麼做呢？首先雙手合掌，接著誠心地說出「我開動了」。「我開動了」這句話，包含了對製作餐點者的感謝，也包含了對一切生命的感謝。雙手合掌也包含了尊敬與感謝之意。飲食的重要性一不小心就會忘記，這也是每次確認飲食重要性時都要做的儀式。

在日常生活中，對現在存有的一切表達真切的感謝，會讓人變得優雅。有如在神社寺院雙手合十仔細端正的儀態，合掌，誠心地說出感謝吧！即使再忙碌，只能簡單解決三餐的現成餐點（話雖如此，也要經過眾多人手才能將東西送到妳面前），說出「我開動了」這句話能讓人變得想要仔細咀嚼、品嚐餐點，很不可思議呢！誠心地說「我開動了」，應該多少能讓用餐時的氣氛更好。

優雅進食的基本在於筷子與器皿的使用法

筷子的正確使用方法

①用右手拿起筷子

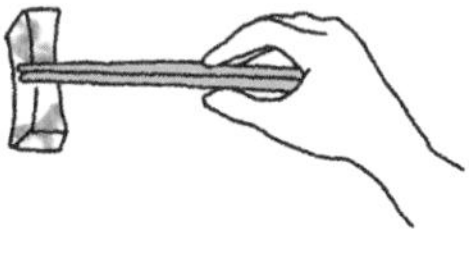

② 左手扶著筷子下方

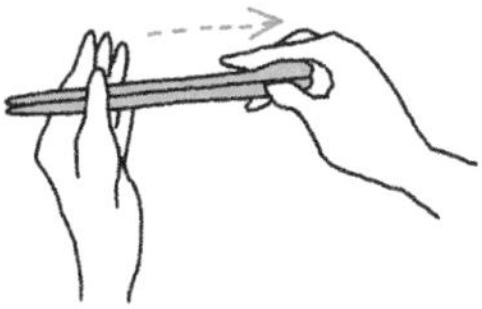

③ 右手在筷子下方滑動分開
筷子，左手離開

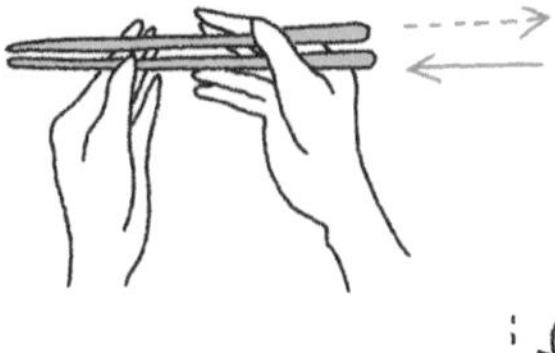

※ 放下時順序相反

獨自吃飯時正是精進優雅的好時機

吃飯方式會顯露出一個人的品行，也有人說會令人想像當事者的日常生活。在嚴肅的場合想要拿出自信表現儀態，先優雅地使用筷子及器皿吧！正因為是每天都要用餐，所以獨自吃飯時正是精進自己儀態的好時機，畢竟用餐優雅不會有損失。

優雅、流利地拿起放下筷子

筷子要用三隻手指拿。用右手從筷子正中間拿起來，左手放在下方扶著，接著換右手在筷子下方滑動分開筷子。放下時也是，左手放在下方扶著，滑動右手從上方併攏筷子，重新拿好後輕輕放下。如果能仔細、流暢地做這一連串動作，會非常優雅。熟能生巧，同時別忘了指尖要併攏喔！此外，做這個動作必需要有筷架，放下筷子時，也要注意筷子前端超出筷架約2.5公分左右即可。

一口大小優雅品嚐

不曉得各位有沒有聽過**筷尖五分，至長一寸**這句話呢？意思是夾東西時盡量不要弄髒筷子前端（最長也只能3公分）。這麼做其實意外地困難，不過把一口的分量變小，就能將不妨礙對話、優雅用餐的分量送進口中，是種細心優雅的品嚐方法。（＊一寸是3公分，五分是一寸的一半）。

器皿的拿法

器皿要用雙手拿，能放在掌心的器皿全都用這種方式拿取，放下使用的器皿拿取時則用左手扶著。古時候的餐點是放在地板上一人一份食用，料理的高度低，所以每次要吃什麼都要先拿起器皿，據說因此演變成拿著器皿用餐的文化。

此外，也有人說拿起器皿是對米飯表示敬意。

不要以手當盤、異側取物

夾食物進口中時，直接用手在下方接是不合禮節的，要使用器皿或紙巾接喔。此外，放在右側的器皿用右手拿、左側的器皿用左手拿才是正確的，不要做出用右手拿放在左側會橫跨料理上方的動作喔！

依湯、飯、菜的順序用餐

一開始喝湯弄濕筷子，飯粒便不容易黏在筷子上，能吃得很優雅。此外，先吃點溫熱的食物，也有促進腸胃蠕動的效果。先吃飯再吃菜，是為了之後能好好品嚐菜餚的味道。挺直背脊，小心地拿著筷子與器皿，注意食物尺寸要一口大小，讓優雅進食變成習慣，也注意吃完飯後器皿仍要維持整齊清潔喔！

器皿與筷子的拿法

① 拿起器皿，左手扶著底部，右手放開去拿筷子。

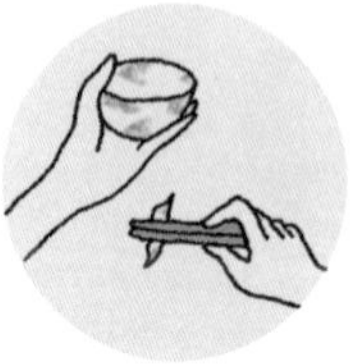

② 用拿著器皿的左手小指或無名指夾住筷子，右手滑動翻面。

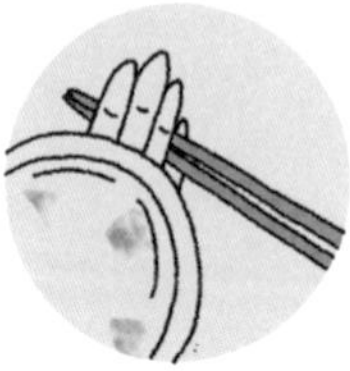

③ 用右手拿好筷子。放下時順序也一樣。

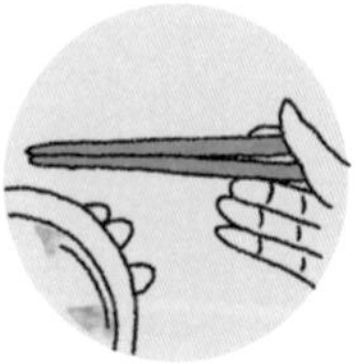

即使拿著器皿，筷子也要用雙手拿！

飲食

仔細用餐的祕訣

日式餐點的基本配置

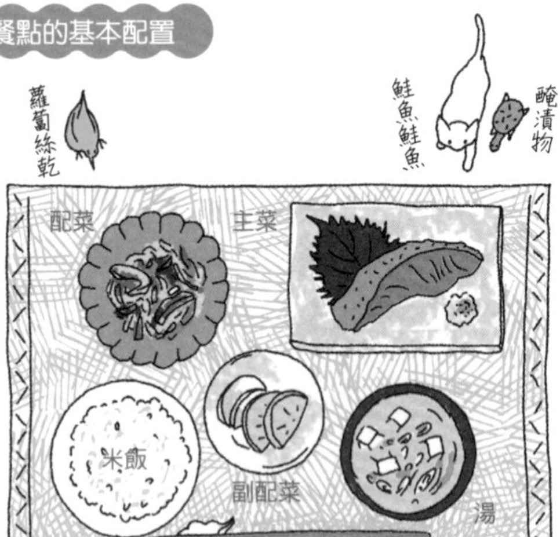

讓餐桌充滿雀躍及幸福感

光是將每天用餐的餐桌擺設成令人雀躍、感受到幸福的樣子，會讓人更想仔細用餐。這並不是要各位每次吃飯時，都必須將餐桌擺得很完美，而是在能力所及的範圍內，準備餐墊或可愛的筷架等物品，這麼做不會增加太多負擔，卻可以更加美觀，請務必試著妝點一下餐桌。

只要鋪上一張餐墊，習以為常的飯菜及餐桌都會變得更加耳目一新。餐桌的氛圍一旦改變，便能用煥然一新的心情享受餐點。鋪上餐墊同時也能保護桌面、降低放置餐具等物品時所發出的聲響，好處多多。沒有食慾時，刻意選用橘色系等明亮色彩的廚具，也能大大增進食慾。

此外，藉由使用筷架，也能提升對筷子正確使用的意識，能防止一直拿著筷子、或一不小心將筷子放在不合宜的位置。

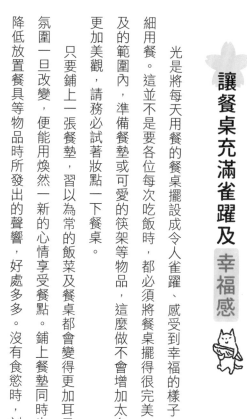

筷架也有非常多可愛的樣式。如出外旅行的觀光景點也經常能買到筷架或懷紙，尋找自己愛用的物品也是種樂趣。那麼，使用該物品時，便會想起當時旅行的回憶，這又是另一種樂趣。單純用喜歡的款式也無妨，順應季節或節氣挑選筷架的款式也很棒。光是加進這麼個小東西，不僅能豐富心情，還能對用餐產生新的感受。

另一個推薦的道具是托盤，托盤是盛裝食器的一種容器。古時候是將樹葉折一折鋪在下面，所以日語稱之為折敷。如今托盤的設計也很豐富，光是將食器放在托盤上，就能讓平常的飲食也多了點時尚、儀式感及特殊的感受。就算只有米飯、味噌湯與醬菜這樣簡單的菜色，感覺也很棒，會想讓人細細品嚐，很不可思議。用微不足道的功夫，大大地增加了吃飯時的樂趣，如此一來吃飯時會變會更加享受。

日式餐點的基本配置是三菜一湯

所謂三菜一湯，指的是米飯、湯、主菜、配菜及副配菜的配置，且各有各的位置。三菜一湯在用餐者的左手邊前方是米飯，右手邊前方是湯，右邊後面是烤魚等的主菜，左邊後面是燉菜等的配菜，正中間則是涼拌菜或醬菜等副配菜。筷子拿取的部分會放在右側前方，熱茶則放在右側。自古以來，日本有在左側放置重要物品的「左上位」想法。據說因為米飯是神明的恩賜，也是主食，被認為是相當重要的食材，所以放置在「左側」。

而米飯在右側、熱茶（湯）在左側的放法則是供奉佛壇時的做法，於是有人認為用餐時若將米飯放在右側不吉利。連頭帶尾的整條魚裝盤時也是要頭朝左邊、魚肚朝前方。如果是沒有魚頭的切片，要將寬的地方放在左邊，魚皮遠離用餐者的方式盛裝。涼拌菜或小菜等容易散落的菜色則最好將較粗大的部分當成底座，上方放較細小的食材堆出高度，呈現「天小地大」的樣子，此點請謹記在心。

＊請參考第126頁圖。

無論何時都優雅地喝飲料

用淺口茶杯時

用玻璃杯時

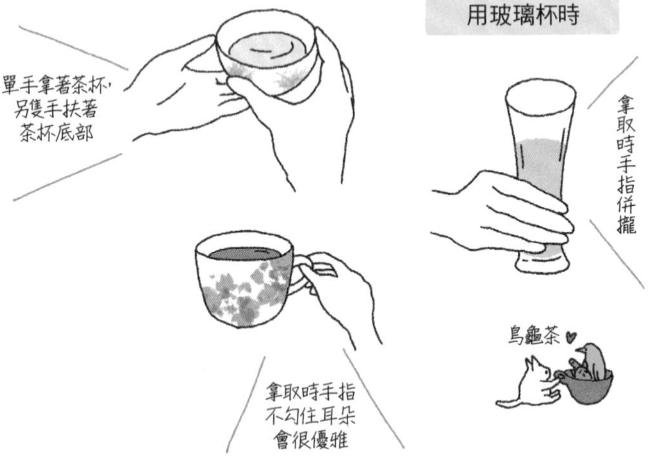
單手拿著茶杯，
另隻手扶著
茶杯底部
拿取時手指併攏
烏龜茶
拿取時手指
不勾住耳朵
會很優雅

用有耳茶杯時

喝飲料的瞬間意外地容易被看見

一天中喝飲料的機會不計其數，正因為如此，要掌握重點優雅地喝。飲用的喝法會改變別人對自己的印象，請務必試著注意。

意識到下巴的話會更加優雅

優雅喝著飲料的訣竅在於：不要抬起下巴。喝的時候傾斜杯子或玻璃杯就可以，不用抬起下巴。雖然只是個微不足道的動作，卻會使整體變得相當優雅。只有在最後一口的瞬間可稍微抬高下巴喝乾淨，這樣便是禮節端正。

嘴唇碰觸的地方要乾淨

喝飲料之前，先輕輕地用衛生紙按壓嘴唇，帶走多於唇膏或唇蜜，這種小細節一點也不費事。如果玻璃杯等物沾到口紅，多少還是會被注意到，所以這時也可以使用不掉色唇膜，如此一來口紅便不會隨處沾染，喝飲料時嘴唇碰到的地方也能乾乾淨淨。

容器類型不同，注意之處也不同

此處整理了3種代表性的容器，無論用哪種容器喝飲料，基本上都要夾緊腋下、拿取時手指併攏。

＊玻璃杯、水杯

手指併攏，指尖稍微朝下，斜著拿在略低於玻璃杯正中間的地方。比起平平地拿在正中間，指尖略低於手腕看起來更優雅。

＊有耳茶杯、咖啡杯

手指不要勾著茶杯的耳朵，而是併攏像捏著耳朵拿會更優雅。如果不好拿的話別勉強，但是記得避免用雙手拿杯子，這是代表飲料變溫了的意思。加砂糖時，不是噗通地丟進飲料中，而是要將砂糖放在湯匙上，再輕輕地讓湯匙沉入茶

杯，這樣就不用擔心會濺出水花。攪拌時湯匙不要敲到茶杯，盡可能不要發出聲音地緩緩攪拌，這樣不僅俐落，也顯得從容。湯匙要放在杯子裡面。坐在桌邊喝茶時，底盤可以放著，直接拿起杯子喝，如果是坐在沙發上與桌子有距離時，要連同底盤一起拿著。

可以的話，加入砂糖或牛奶之前先喝一口原味，也算是謝謝泡茶人幫顧客仔細泡好茶再端給顧客的一番心意。

＊有蓋子的茶杯、茶碗

左手扶著茶杯，用右手由面前掀開蓋子，茶杯邊緣稍微往右傾，輕輕讓蓋子上的水珠滴下。內側朝上翻開的蓋子用左手扶著，放在茶杯的右後方。如果蓋子還會轉動，靠在茶托的邊緣便可放心。左手扶著茶托，用右手拿起茶杯，再用左手扶著茶杯底部，雙手拿起茶杯飲用，拿的時候連指尖都併攏就能很優雅、很有氣質。喝完後用右手拿起蓋子，內側朝下地放在左手上，再用右手捻起蓋子蓋好。別忘了說「我開動了」、「謝謝招待」等話語喔！用雙手小心地拿著器皿，正是日本優雅之處。

飲食

超越餐桌禮儀之上的是體貼的心

POINT

- 彼此看著對方的臉。
- 用只有彼此聽得到的音量說話。
- 吃東西的分量要方便對話。
- 搭話時機也要下功夫。
- 用完餐也要整理乾淨。

越珍惜各種時光越能召喚幸福

為了讓用餐感受更加舒適富足，花時間創造出形式的就是餐桌禮儀。或許有人覺得很艱澀、難懂又麻煩，但餐桌禮儀並不是非遵守不可的律法，而是種珍惜用餐的心意，也表示尊重一起用餐的對象。

因此，重要的並不是餐桌禮儀，而是替對方著想的心思，所以餐桌禮儀才顯得重要。如果對餐桌禮儀沒有自信，容易變成一直想著「這樣做好嗎？」反而專注在自己身上。正因為餐桌禮儀完備，才有餘力注意到周遭狀況，並且更加尊重眼前的人。餐桌禮儀也包含了提供服務人員的訊號，透過這些訊號，不用中斷對話，也能流暢地完成用餐。更進一步來說，不發出額外聲響地用餐，能由衷地傾聽對方說的話。這一切，都顯示出重視與眼前之人相處時間的用心。

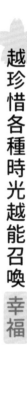

正因為提供合適的話題而顯得知性

用餐的樂趣不僅在於品嚐料理，與同桌吃飯的人對話也很有趣（當然也會有不宜說話的情況，視場合而定）。隨著對話內容，現場的氣氛、餐點的味道也會跟著改變。記得盡量選氣氛溫暖、輕鬆愉快，誰都能加入的話題。沉默不語實屬不合禮節，而提出哪種話題則要看智慧了。盡量避免過分私密、或者有人無法加入的話題，若出現如此情形，那就改變話題，或是與那個人搭話，盡量考慮如何讓大家都能享受氣氛。

畢竟飯局並非爭議辯論的場合，盡量避開宗教或政治之類的敏感話題，也不宜說別人壞話或傳播謠言，盡可能地選擇能讓大家都表情開朗的話題吧！對方將食物送進口中時不宜與對方搭話，也需注意搭話的時機。不要單方面沉浸在對話中，配合周遭的用餐速度也是很重要的。

為了舒適地用餐，不發出聲響

在任何場合，都盡可能不要發出聲響，避免破壞用餐的氣氛。

刀叉匙餐具鏘鏘鏘的聲響、用湯匙等吃喝熱騰騰料理時呼呼吹涼的聲音，以及咀嚼食物的聲音等，都不是好聽的聲音。隨時謹記著，保持仔細又緩慢地動作，聲響自然會變小，儀態也隨之優雅，同時別忘了要注意對話的音量喔！

不須太過拘泥於餐桌禮儀，而是要保持用心

具備餐桌禮儀固然很重要，但餐桌禮儀並非鑽研用，即使有人做錯了，也不宜指責對方，如果此時指正別人的話才是違反禮儀之道。不放在心上、不著痕跡地替對方遮掩，小心不讓對方感到難堪，這才是真正體貼對方的禮節。有沒有人犯錯並非重點，大家都能舒舒服服吃頓飯才是最重要的。沒必要拘泥於完美的餐桌禮儀，然而將禮節放在心上，才能考慮到別人並靈活地應對。

一起吃飯能拉近人與人之間的距離，同行吃飯的人會感受得到妳有多麼珍惜這次的聚會。這樣的人會受到尊重，也能抓住良緣與機會。

飲食

任何場合都舉止大方、享受美食的訣竅

有氣質的人
優雅的人
筆記筆記
筆記筆記
個人儀態課程
光明正大地睡著了啊

任誰一開始都會緊張

隨著年齡增長，會漸漸有機會到漂亮的飯店、高格調的餐廳或料亭等處用餐，店家種類範圍會逐漸變大。此處將介紹無論去什麼場所，都能儀態落落大方、堂堂正正的3個必須注意事項，不僅限於用餐的情況，在其他場合也相當重要。

①遵守穿搭規定，以有自信的裝扮前往

總覺得打扮普普通通，不太想跟別人見面，只想找認識的朋友——這種心態一點也不坦蕩自在。一旦裝扮有自信，儀態自然顯得落落大方。我非常尊敬的老師說過，女性光是打扮漂亮，不知不覺間就會擴展了行動範圍，可見裝扮對一天心情的影響有多大。裝扮能讓人更加有自信，但突兀不適切的裝扮，會讓人不自在、坐立不安，由此可見能否融入周遭場合的儀容也是相當重要的。

所以要時常謹記穿搭守則，裝扮得比平常更耀眼再參與聚會。如果有疑惑，先以正式的選擇為主，也可以在事前問問同行的人或店家喔！

②徹底維持優雅的姿勢

讓我們保持抬頭挺胸，維持優雅的姿勢吧！這樣會看起來落落大方。或許有人不認為姿態有什麼影響，不過挺直著身軀其實很重要。除了自身外觀外，別人對自己的印象也會跟著改變。如果擺出光明磊落的姿勢，會被認為是個得體的人，也會被好好對待。並不是因為有自信所以顯得大方，而是因優雅的姿勢，自然而然產生出自信。

③態度謙虛好學，不懂就問

在自我介紹的課程中，我曾告訴學員「如果你非常緊張，開頭先說『好緊張喔！』的話，反而會變得沒那麼緊張，而且大家也會友善地等你的」。越想要隱藏不安的情緒（雖然怎麼藏都很明顯），反而會更加緊張。

同樣的道理，不經意誠實說出「這是我第一次來這麼高級的地方用餐」、「我很期待，也有點緊張」或「我不太習慣這種場合，有何冒犯的地方請告訴我」之類的話，店家也會很樂於幫忙。誠實地請教別人是非常了不起的，絕對不是什麼羞恥之事。要承認自己不懂並說出來雖然需要一點勇氣，但相反地可能會得到好的回饋。

我也常對學生說，有不懂的地方盡量來問我，以此為契機，常有愉快的對話。態度維持謙虛且坦率，即使不需每次都要主動求人，別人也會從旁幫忙，也有店家在上菜時，會為顧客仔細地說明如何享用餐點。

接下來，最重要的是不斷地累積體驗。百聞不如一見，沒有比實際累積經驗更好的方法了，來親身體驗並習慣、累積經驗吧！在漂亮的空間獨自喝著茶，一邊看著各種人們的舉止也是種學習，如飯店工作人員的優雅站姿也非常值得效法呢！

飲食

用餐禮節①
雍容享受日式料理的方法

盡量不刮傷器皿
→ 拿掉戒指或手鍊
收斂一切動作
表現溫文典雅
跪坐的場合
推薦穿傘狀裙!
為了不干擾料理細緻的味道
→ 不噴香水 或噴少一些

在日式料理場合的注意重點

接下來介紹在飯店、旅館或料亭等處最推薦的宴席料理享用法，以及在店內該有的儀態。在日式宴席上記得儀態要「沉穩低調有氣質」，此外最重要的是，別干擾活用季節性食材料理細緻的味道。

裝扮也不能疏忽，有時會坐到榻榻米地板的位置，此時推薦妳穿傘狀裙，還有一定要穿絲襪或襪子。此外，為了不讓香味干擾料理的味道，盡量不要噴香水或噴少一些，連同柔軟精或洗潔劑的香味也要小心。有的器皿細緻柔弱，為了不傷害到器皿，拿掉戒指或手鍊等較大型的首飾是較體貼的做法。

進店之前先脫下大衣外套類的衣物。在玄關時靠邊避開正中央，正面脫下鞋子後，側身將鞋子擺整齊。有人員負責整理鞋子時，說聲「麻煩您了」，再將鞋子交給對方，手提物品跟外套大衣則先交給店家保管。

在和室時，為了不要踩到榻榻米的邊緣或門框，腳步要用滑動的，安靜地小步走，視線稍微放低的話會看起來很優雅。靠近壁龕的地方是上位，盡可能不要背朝上位。順帶一提，離出入口較遠的壁龕是上位，離出入口較近的地方是下位，要視場合而定坐在相對應的位置上。提包類的物品要放在坐墊前方，或是左前方，不能放在坐墊或桌面上。

宴席料理的基本知識

以下介紹基本的流程及享用法，料理是按照上菜順序一道接一道端出來的：

開胃菜：少量季節性菜色組合而成的拼盤，欣賞擺盤也是種樂趣，所以盡量不要破壞，從自己前方的碟子開始食用。

湯品：使用季節性魚貝類及蔬菜，澄澈的清湯。在正式料理上菜前，用來清潔筷子及口腔。湯品大多會用漆器的碗盛裝，拿取時要特別小心。湯與其中的料要分開吃，蛤蜊或海瓜子可以直接用左手食用也沒關係，吃完的殼不用拿出來放到蓋子上，直接沉進碗底即可。

生魚片：從味道清淡的白肉魚或貝類吃起，再享用味道濃厚的紅肉魚。山葵不要溶在醬油中，而是取適量放在生魚片上，再夾著生魚片去沾醬油，吃的時候下方用醬油碟或紙巾承接。

燉煮料理：當季蔬菜或魚貝類等的燉煮料理，配著高湯能確實地品嚐味道。首先欣賞器皿，再打開蓋子觀賞當中的佐料。用雙手捧著器皿以享受高湯的香氣，品嚐湯頭的味道後，再吃其中的料。料理有很多湯汁的話，享受時可用蓋子內側或懷紙接著。享受燉煮料理的高湯時，可以放下筷子，用雙手捧著碗品嚐。

燒烤料理（魚貝類）：燒烤魚片、整條魚或者蝦子等的料理。拿開配色裝飾的蔬菜或花朵，用筷子從左側取下一口大小享用。如果是連頭帶尾的魚，將上側的魚肉從頭吃到尾端，接著不要翻面，而是取下中間的魚骨之後，再享用下側的魚肉。吃完將殘渣集中到器皿角落，再用紙巾蓋住。

油炸料理：一般是天婦羅拼盤。味道清淡的會放在面前，味道濃厚的則在後面，享用時盡量別破壞擺盤，從前方吃起。

清蒸料理：茶碗蒸、蕪菁蒸等料理。打開蓋子，用附上的湯匙舀起享用。

醃漬物、涼拌菜：讓口中變清爽用的換口味菜色，直接拿起小碟享用。

米飯、味噌湯、醬菜：宴席料理是享受酒品用的，所以米飯、味噌湯、醬菜最後才會端出來。如果端出這幾道就不喝酒了，趁溫熱時享用。

水果、甜點、茶品：水果或冰沙用附上的牙籤或湯匙享用，生菓子等甜品先用牙籤切成小塊再吃喔！

如何拿取有蓋子的碗

左手扶著碗，右手捏住蓋子頂端，從自己面前輕輕地有如寫「の」字般轉開，將蓋子垂直立在碗上方，讓內側的水珠滴落。雙手拿著蓋子（或者暫時左手拿碗右手拿蓋子），內側朝上地放在碗的右側。

吃完後再將蓋子蓋回原位。為了不傷到漆器，蓋子不要翻過來喔！

優雅地分開免洗筷

免洗筷打橫放在膝蓋上，用上下的方式分開。分開後並不是直接開始用餐，而是要先暫時放回筷架上，再拿起來享用料理。多個緩衝動作會變得有氣質。

常備紙巾

身上準備一些紙巾吧！懷紙能擦拭嘴角的髒汙、壓住魚頭、當承接的器皿和清除口中菜渣時掩住嘴巴等用處，活用於各種場合。除了用餐時，還能用來包裝材料或充當便條紙。不管紙巾或紙巾紙套，都請務必找尋自己喜歡的樣式，不如試著從日常生活就將紙巾帶在身邊吧！

飲食

用餐禮節②
大方享受西式餐點的方法

用餐巾擦拭嘴角

POINT

- 時常將手部放在桌面上方。
- 維持優雅的姿勢。

成為微笑接受女士優先的女性

等想要儀態優雅落落大方、成為能微笑接受女士優先待遇的女性，請務必記住西式用餐禮節時不可或缺的重點喔！

用餐當日的打扮要遵循服裝要求，手提包以外的隨身行李則寄放在寄物處。在旅館或是餐廳，基本上是女士優先，替顧客帶位的順序依序為工作人員、女士、男士。若沒有工作人員帶位，則由男士站在前頭當護花使者。如果有男士替妳帶位，不用客氣，光明正大地並優雅微笑地接受吧！

俐落地入座

以席次來說，離入口越遠、視野越好的位置是上位。基本上是從左側入座，不過別太刻意，配合現場狀況隨機應變。如果有人幫忙拉開椅子，先站到幾乎碰到桌子的地方，等腿部後方碰到椅子，再輕輕坐下。

坐下時與桌子間的距離大約為一個半拳頭的寬度。手輕輕放在桌子邊緣，手提包放在身後與椅背中間，或者專用的置物檯上，不能放在桌上或是掛在椅子上。

優雅乾杯的禮節

正式的餐廳是用非常薄且細緻的玻璃杯，很容易敲破，再加上盡量不發出擊杯聲響，所以在乾杯時不會真的相碰。乾杯時舉到眼睛的高度，微笑著示意就好。

拿酒杯時，手指要併攏地拿在杯腳處。拿法眾說紛紜，如果感覺不穩，也能拿著杯體也不要緊。喝的時候面向側邊、垂低視線，這樣會看起來很優雅有氣質。別人倒紅酒時，千萬不要拿起酒杯或去扶著酒杯。此外也要記得，自己不宜主動酌酒，也不宜替對方倒酒。為了餐廳侍者的方便，基本上是用右手拿酒杯喝酒，喝完放回右側的位置。

優雅熟練地使用餐巾

要等主賓或上位者拿起餐巾，我們才能接著拿起來用，如果是在宴席中，則在乾杯後使用。平常的話，點餐後就可以拿起來，這是準備好用餐的訊號。將餐巾對折，摺痕靠近自己放在膝蓋上。

餐巾是用來擦拭手指或嘴唇髒汙的，不會有其他用法。如果選擇使用自己的手帕，代表店家準備的餐巾很髒、無法使用，這是很失禮的。用餐巾內側擦拭髒汙之處，外觀便能保持乾淨。此外，在嘴唇碰觸玻璃杯之前，要習慣先用餐巾輕壓一下嘴唇，如此一來，杯子上便不會沾到口紅或料理的油漬，能保持飲用處的清潔。最重要的是，使用餐巾時要挺直背脊，保持優雅地使用。

暫時離席時，要稍微折起餐巾放在椅子上，代表我還會再回來的意思；用餐結束離開時則稍微折一下餐巾放在桌子上，含有「餐點很好吃」的意思，這時就不用折得太仔細喔！話說回來，比起亂折一通，將餐巾邊角稍微錯開，看起來比較優雅，要折也是主賓動作之後再折。

餐具的〇與✕

從外往內依序使用。雖然有人會一邊說話一邊揮舞刀叉，但我們絕對不要揮舞手中的餐具。不要直接用刀子刺起料理享用，也不要去舔沾到餐具的醬汁。一手拿著玻璃杯一邊吃東西很沒禮貌，喝飲料跟吃東西請記得分開進行。即使拿錯餐具使用，工作人員也會若無其事地幫忙補充，不用太在意。如果不小心弄掉了餐具，不用慌張，向同桌說聲「抱歉失禮了」，再請工作人員拿新的來即可。

餐具的放法是給工作人員的訊號，如果放成八字形，代表吃到一半，如果吃完不吃了，要將餐具收齊斜放在右側，暗示服務人員撤下的意思。切記刀刃絕不能指向別人。

比餐具用法更重要的事

就餐具組的用法、擺法，或是喝湯的方法等來說，法式、英式、美式各國規矩等多少有些出入，比方說舀湯的方法，從面前往遠方舀起是英式，從遠方往面前舀起是法式。

另外還有許多細微的差異，讓人很頭大，但是在沒有那麼正式的餐會上，不用太過於講究那些小地方。只要餐具組的擺放方式能傳達正確訊息就沒問題。我認為喝湯時不論從哪裡舀，只要不發出聲響，就不會造成別人的困擾；也別做出刀刃朝向對方、嘴巴裡有食物還說話等容易造成別人不愉快的行為。最重要的是請適宜地顧慮周遭，一邊與同桌人打從心底享受餐點，這正是餐桌禮儀的魅力，能讓與妳一起用餐時的料理變得更加美味。

POINT

- 任何事都主賓優先，配合身旁人們的用餐速度。
- 不要發出大的聲響，叫喚服務人員時也是，可以選擇用眼神表示，或者輕輕抬起手示人。
- 不要一直拿著器皿，或是隨意移動位置。可以用手拿起來的大概就屬湯碗或咖啡杯。

飲食

在任何店家都能獲得優質服務的訣竅

變成讓人想為妳服務的人

無論哪種店家，只要做一件事便會被尊為上賓，那就是對店家及工作人員懷有敬意。同樣的，身為店家，也相當重視對他人的態度。記得對任何人都要有敬意，動作舉止保持小心謹慎。

漂亮店家的氛圍及空間也是服務的一環，不論哪種風格都是店家傾注心力打造的，而拜訪店家的顧客也是創造該空間的要素之一，可別破壞了店家經營的氛圍。

面對店家的工作人員，不要認為「顧客就是神」，而是要用言語或眼神表達感謝的心意。雖然也有無視工作人員、或者態度傲慢的人，然而越是高雅的人會越謙遜，對待任何人都能和顏悅色。即使稍微傾斜身體、方便對方提供服務，也能傳達出自己的敬意。有事情要請求的時候，也盡量顧慮別人、觀望一下情況再去拜託。結帳時也會統整好再去付錢，因為如果一個個結帳的話很麻煩，會占用工作人員的時間，讓他沒辦法做別的事，也會間接帶給其他顧客麻煩。

此外，感覺好吃、舒服、開心的話，就具實地說出來告訴對方吧！不是只有說句「非常好吃」，而是在不妨礙對方工作的前提下，具體告訴對方怎樣地好吃、哪些地方很棒。如此一來，大多數人會以滿臉笑容回應，往後接待顧客時變得更加開心。如果店家提供的服務能讓顧客開心，換作是我，這將會成為我工作上的成就感。以前我住過的旅館中，象徵旅館的圖樣隨處可見，像是小卡片、毛巾、浴袍、房間鑰匙上都有，甚至去餐廳用餐，也能在寄物處跟餐具上看到。我覺得非常可愛，跟工作人員說了「這很漂亮呢」，對方便告訴我更多更多有關這個圖樣的故事，後來越聊越盡興，連前代、前前代的餐具都特地拿出來讓我看，這件事成了我特別的回憶。

服務始於彼此對等

表達負面意見時需要下點功夫，不過還是能坦率傳達的。如果帶著敬意謹慎地告訴對方，反而會收到對方的感謝。我也有體驗過如果帶著敬意接觸他人，一開始看似冷漠的人也會逐漸展露笑容，服務也變得更好，我相信是否能引領出更合意的服務全看自己待人的態度。

人們彼此尊重、處於對等的關係下，服務才會變得真正令人感到舒適。有人在店家面前說不出「感謝招待」、「謝謝您」之類的話，不過正因為店家提供的服務，我們才能享用美食；而店家也因為有顧客，才能提供服務，彼此感謝是很自然的事。不過我認為並不是一定要傳達給對方才行，而是如果願意表達出謝意的話，彼此能更加開心。隨著年紀增長人越謙虛，深切表示感謝之意，會成為高雅的生活方式。

受人招待的重點、伴手禮的規矩

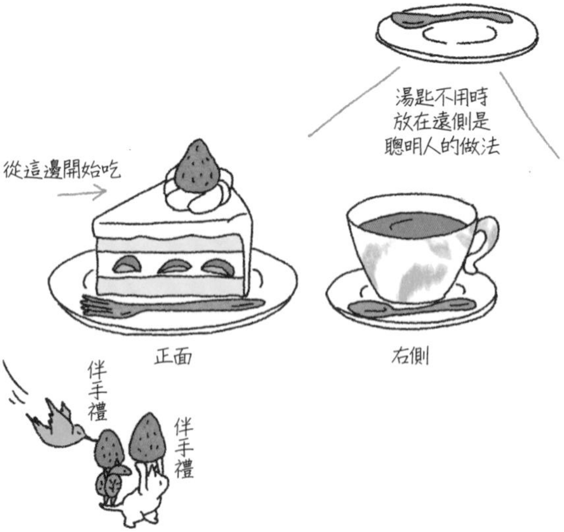
湯匙不用時
放在遠側是
聰明人的做法
從這邊開始吃
正面
右側
伴手禮
伴手禮

用點巧思更受歡迎的受邀禮節

受邀到別人家裡作客時，顧慮的事與在店家用餐不同，要格外小心。首先記得，如果比約定的時間還要早到，反而會給人添麻煩的。以商務場合的禮節來說不能遲到，但受邀到別人家裡的話，要牢牢記住，主人家正忙著做準備，抵達時間剛剛好或是晚個幾分鐘就好。如果對方是朋友，事先發個「我再〇分鐘就到了」的訊息，能讓對方有心理準備，便是體貼的行為。

站在對講機前、按門鈴前，要先脫下大衣及帽子（歐美的禮節則是有人接待後再脫）。下雨天時，像是濕掉的傘要放在玄關外面，盡可能注意不要將灰塵或濕掉的東西拿進室內。進到玄關後首先簡單打聲招呼，**到了室內再正式問候**。在室內問候完、坐到椅子或坐墊上之前，記得再拿出伴手禮喔！脫鞋子時要正面朝著玄關，進到室內後要改變方向，側身收齊鞋子放在邊邊。

伴手禮的注意之處

要考慮對方的喜好、家屬人數等狀況，準備個別包裝、當天帶來最新鮮的、或是處理不繁瑣的。交給對方時一邊說「這是一點小心意」、「聽說這非常好吃，所以想請你們嚐嚐」的話語。如果是必須放冰箱的東西或者花朵等物，先在玄關交待拿給對方也OK。拿出伴手禮時一定要先從紙袋或包巾中拿出來，再交給對方，用紙袋或包巾是為了避免弄髒。如果是在住家以外的地方見面，也能放在紙袋或包巾中直接拿給對方，這時說句「抱歉連紙袋一起拿給你」，同時用手扶著紙袋底部、拿好提把再交出去。

容易被誤解的伴手禮

近來有人將帶給別人的伴手禮的日文稱為「おもたせ」，或者銷售時推薦某某東西時如此使用，但這是錯誤的用法。所謂おもたせ，指的是尊敬客人，從客人手中收下的伴手禮敬語，收下伴手禮的人會說「おもたせで失礼ですが」（讓您拿禮物來真不好意思）。另外，分享客人拿出伴手禮的喜悅也是種體貼。

受到茶與點心招待的情形

主人拿出點心時會正面朝客人，茶飲則在點心右側。此時不用客氣，熱茶趁熱、冷飲則趁著還冰涼的時候享用。和菓子一般會附上竹籤或木籤，可以切成一口大小再吃；最中餅或大福麻糬等可以直接用手拿著吃沒關係。切片蛋糕之類的三角形蛋糕要從尖細的地方吃起，圓形或四角形的蛋糕則是切面對著自己的部分，從左手邊開始吃起。

訪客要注意結束拜訪的時機

要由訪客表明結束拜訪的意願，詢問意願時先說「請讓我打擾到○○點左右吧」之類的話比較好。訪問後同樣地，前往玄關前在客廳打聲招呼。到了玄關，將借穿的拖鞋轉個方向，併攏收齊放在玄關的邊邊，而放在邊邊的鞋子則拿到中央之後再穿。走出玄關後再穿上外套大衣類的衣服，站在門外敬個禮再離開，會給人更有禮貌的印象。回家後，務必再向邀請者表示感謝的心意喔！

第6章

氣質女神體貼之小心機

圓滑的舉止帶來幸福

所謂優雅的儀態，
指的是在看不見的地方體貼、顧慮他人。
任何時候都能照顧到周遭的從容心靈，
會細心注意到小地方。
多點巧思，
替周圍氣氛及在場人們帶來亮光；
不僅如此，
人與人之間的關係也能變得更和諧、溫暖。
讓我們以成為貼心女神為目標吧！

課 程 重 點

- 配合對方是基本禮儀
- 替「某人」著想的想像力
- 只要簡單一句話就能提升印象
- 「心靈從容」，讓自己狀態良好

體貼

配合對方的體貼更能傳達心意

最重要的是貼近別人的心

配合高度

我身高１５７公分，女性標準身長，不會太高也不會太矮。即使如此，跟非常高的人說話時，雖然就那麼一點點，還是會感覺到被俯視的壓迫感，尤其在對方沒意識到自己不善於溝通的情況下更是明顯。正因為如此，跟別人說話時要盡可能配合對方視線的高度。就算站著，也稍微將身體傾向對方，如果說話對象坐著或者是小孩子，要往下蹲，配合視線接觸的高度，用心不讓對方有被輕視的感覺。視線交流越多，應該越能傳達出貼近對方的心意。

配合速度

不管動作或說話都是「稍微放慢」較為優雅有氣質，不過如果有互動的對象在，注意配合對方也很重要。如果對方看起來很急、說話很快，是個急性子的話，用悠哉的步調去應對會讓對方生氣吧！如果換成自己做事快刀斬亂麻，而對方是緩慢悠哉的話，也必須要顧慮對方、不讓對方焦急。跟配合視線高度相同，說話速度、動作速度多少應配合對方，如跟別人一起走路時的速度、聚餐時配合周圍人們的用餐速度等。並不是非得配合別人不可，而是能感到舒適，讓彼此相處時不要有壓力，如此珍惜替別人著想的心意。

配合溫度

還有一點希望大家注意的，就是心靈的溫度。並非要大家強迫自己去配合別人，而是由衷地傾聽對方說的話、感受其中的溫度，更靠近對方的感受去應對。如果回應帶有同樣的溫度，會是很令人開心的事，所以要用心傾聽對方，這樣一定能拉近彼此的心。

用肢體動作靠近對方的技巧

如同配合視線高度、配合速度能更靠近對方，但不是只有言語能傳達心意，肢體動作也能辦到喔！在課堂上除了優雅的儀態，我也會教大家各種活用於溝通的肢體動作，這是基於心理學、腦科學與運動學，最後訴諸視覺的技巧。

說話時讓對方看到自己的掌心，會給人敞開心胸的印象，對方也更容易對話；如果說話時把手貼在胸口，會讓人感覺在說真心話。聽人說話時將手貼在胸口也是，給人真心接受、認真聽話的印象，這動作看起來非常溫柔，會更容易對話。這些例子只是冰山一角，不過只要動作用點巧思，便能體貼地讓彼此對話更流暢，而言語加上肢體動作，更能表達心意。

體貼

在任何場所都會乾淨收尾

離去後的優雅顯露品格

背影會流露出年齡，而離去後的景象則顯現一個人的品格。在化妝室或試衣間要意識到**「讓環境比自己使用前更整潔」**。整理並非義務，但是替在自己後面使用的人著想一下吧，至少將環境整理到使用前的狀態。雖然只是舉手之勞，不過重視這種體貼心意的人是很優雅的。

不同場合該注意的重點

化妝室

這是最希望使用後能整潔的場所。盡量不要把滾筒衛生紙撕得亂七八糟，或是讓衛生紙末端掉到地板上，如果沒有衛生紙了就幫忙換新的。洗手時也是，洗完後整個看一圈，有沒有水噴出來或是掉了毛髮之類的地方，用旁邊附的擦手紙迅速擦乾淨。如果人很多，不要霸占著鏡子前面，也不要一聲不響就空出位置，而是離開時順便說句「我先離開了」、「請用」再走。

試衣間

脫下的鞋子擺整齊，脫下來、或是要試穿的衣服別散落在地板上。頭套使用完可以稍微折一下放好，或是放在汙衣桶，也可以跟店家道謝的同時交給工作人員。有人不用頭套試穿衣服，臉上的妝沾到衣服，就這麼一聲不響地回去了，但試穿衣物還沒付錢並不是自己的物品，不能弄髒，要小心對待。如果不買，不是內側外翻就交回店家，而是要大略整理過，道謝後才歸還。老實說，每個人對待試穿物品的態度真的差異很大，曾有店員跟我說「從這裡看得出人品」。顧客小心地對待物品，店家自然也會以笑容接待。

交通工具、電影院、劇場等處

在娛樂場所，所有東西都要歸回原位，垃圾看是要帶走，或者丟進指定場所。將「讓環境比自己使用前更整潔」這句話放在心上，養成最後離席時回頭檢查的習慣，也別忘了把隨身物品帶走。

在餐廳、咖啡廳、會議室、簡報室

首先，希望各位注意的是椅子，離開座位時務必將椅子擺進桌子下方，別說離席回家時是一定要做的，即使是途中稍微離開一下也照樣這麼做。要將打開的關起來、拿出來的放回去，這些動作絕對要放在心上。雖然是理所當然的事，不過就這麼丟著的人也有多。另一方面，也有會將自己以外的椅子放回去的好人，這種小地方就顯露出一個人的內在。入座時附近是自己的空間，然而離開座位，那邊便成了公共空間，有人經過時說不定會被擋到，最重要的是，椅子亂擺並不好看。

離開後能留下整潔的環境，代表能客觀地看到自己的儀態舉止是如何影響到他人，能重視這點的人，不管在人際往來，或是工作上，大多是觀察入微、無微不至。以這樣的人為目標，盡自己所能吧！

體貼

理所當然地做出「您先請」的動作

分清楚 何時該禮讓何時不該禮讓

隨時懷有「您先請」的心意吧！讓路、讓座、讓別人優先——日常生活中經常出現需要禮讓的場合。在忙碌的現代社會，很容易一不小心就爭先恐後，而彼此禮讓則會讓人感到心頭暖暖的。讓我們以成為自然、理所當然禮讓的人為目標吧！

這是我搭大廈電梯時發生的事。我進電梯後，有個小個子的女生從中途樓層進了電梯，到一樓時她先出去了，我也跟著走出電梯，結果發現她特地從外面按著開關等我。當時只有我跟她兩人搭電梯，而我又是在她之後出電梯的，所以她根本不用擔心電梯門會關上。即使如此，她還是等到我走出電梯才走，我對著她大步離開的身影大聲說了「謝謝妳」，一邊想著這女生是個多麼體貼的人啊，她的家人一定總是這麼做的吧！當天我不僅整天都感到幸福，自己也讓座給別人、跟著注意起自己後面的人了。

我家附近是寧靜的住宅區，有很多交叉路口沒有紅綠燈，因為沒有紅綠燈，所以會互相禮讓。雖說行人優先，不過有車子停下來讓我先走的話，我也會表示感謝，心裡想著趕緊通過。因為行人優先雖然是理所當然的事，但完全無視車輛、不看路或慢慢走的也大有人在。想成為哪種人很明顯不用說了吧！

認為被禮讓是理所當然的想法並不優雅，無論是說「承讓了」表達感謝的心意，或者「您先請」禮讓的心意，都要重視喔！

決定禮讓

說到電車座位之類的，聽說曾經有人有讓座的意思卻無法好好表示，被讓座了反而有不好的回憶；也聽說有人非常疲倦說什麼都想坐下，甚至挑晚一點的電車坐下，卻因為面前站了老人，只好讓位給他。聽到這些故事，感受到會讓座的人比較多，很棒呢！正因為理由百百種，希望各位不要認為禮讓是應該的、也不要認為被禮讓是應該的喔！

想要禮讓卻不太能說出口的人，請鼓起勇氣，試著禮讓看看，不用想太多，一發現就叫住對方，馬上說出口。發現的瞬間說出口，即使被拒絕了也不會怎麼樣。問對方時帶著微笑說「如果您願意的話，要不要坐下呢？」，加上「如果您願意的話」這句話，無論對方要接受或拒絕都比較容易。

帶著笑容，穩重有禮地向對方搭話，大多數人也都會給予禮貌的回應。如果妳想要禮讓，便下定決心無論對方是什麼態度自己都會禮讓。無關對方的反應，而是自己想怎麼做，這種為人準則可不能退讓，應該要分清楚何時該禮讓何時不該禮讓。

體貼

多說一句暖心的魔法話語

提前說句話，讓人際關係更圓滑

提前說句「體貼的話」，人際關係大多會變得圓滑。只要一句話讓人安心、接受，彼此都能過得舒心。該說的不是「多嘴的話」，而是要說出替對方著想的魔法話語喔！

「百忙之中抱歉打擾您。」、「請問方便占用您一點時間嗎？」

要拜託別人或者詢問事情時，首先要說這句。

「請問我能放倒椅背嗎？」、「不好意思。」

坐新幹線等交通工具要放倒椅背時說的一句話。

「抱歉。」、「不好意思，我要經過前面！」

要拿別人面前的東西時，或是要通過座位前後方時說的。

「如果您要出去，不用客氣請隨時跟我說。」

坐新幹線、飛機等，自己坐在靠走道時，先對靠窗的人說一下，能減輕對方的負擔。

「如果造成您的麻煩，很抱歉！」

帶著年紀小的孩子坐電車時等，事先向周圍的人說一聲，彼此的關係會瞬間改變，也有人會很溫暖地幫忙看顧。

「請問我講話會不會打擾到您？」、**「請問我能講個電話嗎？」**

有人打電話來時，畢竟不知道對方的狀況，務必先問一下。如果對方好像在忙，那就再問幾次。

「抱歉，我從這邊上茶！」

比方說，原本應該從客人右側上茶，但也有辦不到的情況。這時說句「不好意思，我從這邊上茶喔！」，會讓人覺得很有禮貌。經常會遇到不得不走偏門或犯規的情況下，這時候也別忘了提前說句話拒絕。

重複詢問的場合

在辦各種手續的場合，有時每換一個負責人，就必須重複詢問相同的事情，被問的人會想說「剛剛回答過了」感到煩躁。這時候先告訴對方「之後為了進行確認，還會再詢問您同樣的內容」，光靠這句就能讓對方「又來了？」的煩躁感瞬間消失。

「貼心的一句話」一定能讓氣氛變得和緩，不過對方也有可能沒什麼反應。不過沒關係，這並不是要看對方反應來改變自己，而是貫徹自己想要如何為人的做法。

體貼

自己的心靈
自己整理

總是想著開心的事

無論何時心中都要想著開心的事，尤其接觸別人時更想帶著好心情、開心相處，這就會產生安心及信任感。人只要活著，每天就會發生各種狀況，當然不完全都是能讓人笑出來的，也有人辛苦撐了好幾年。不過優雅的女性不會讓人看見這些辛苦（當然我認為讓別人知道辛苦也是好事），並擁有克服困難的堅強與決心。

偶爾會遇見對任何人都散發不滿情緒的人，將自己的負面情緒顯露於外，這麼做是不能解決任何事的吧？只能讓一起相處的人去顧慮或遷就他。我覺得這種人絕對稱不上是優雅的人。不讓身旁的人有多餘的顧慮、總是考慮如何讓相處的對象有段美好的時光，這才是成熟人士的體貼。

成熟的人不會要求別人讓自己幸福。當然會因為有某人的存在而讓自己感到幸福，但是若將自己的幸福寄託、依賴於別人身上，就會被寄託、依賴的對象所左右。為了不被他人所左右，至少自己的心境要調整好、讓自己開心起來，這也代表自己在精神上的獨立自主。

抬頭挺胸

「鍛鍊儀態便能統整心緒」這句話我告訴大家好幾次了，最重要的是無論何時都必須要抬頭挺胸。如果擺出垂頭喪氣的姿勢，心境也會跟著難過。硬是讓自己抬起頭、露出開心的表情，就能感受到心境的變化，能從姿勢調整心態。

整理自己心境的小習慣

散步、欣賞美麗的事物等，找到能讓自己打起精神、專屬於自己的習慣或方法。隨著年紀增長，是不是慢慢了解專屬於自己轉換心情的方法了呢？

順帶一提，我會選擇打掃到忘我、讀喜歡的書或是做瑜伽等等活動身體。

擁有發現幸福的心靈提高幸福感

讓心靈更容易發現幸福吧！如此一來能增加樂觀思考的能力、變得堅強。將焦點放在眼前的幸福是非常重要的，人類的眼光總是容易放在自己所欠缺、不足之處。然而，無論在何種狀況中，細細地想必定存在著幸福。

沒有什麼事情是理所當然的，幸不幸福全看自己能否掌握。每天在睡前回想今天一整天下來發生的好事，帶著感謝的心入眠。尋找並感謝好事，不起眼的小事也好，縱然有痛苦、討厭的事，對努力了整天的自己說聲謝謝再睡，這樣似乎能提高腦部的幸福感喔！

自己的幸福能由自己決定。用心找出日常生活中的幸福並感謝，自然能調整心態，這樣的女性身上便散發出優雅的氣質。

第 7 章

氣質女神 說話方式 之小心機

讓人還想見到妳的說話方式

使用什麼語詞，
代表妳想成為怎樣的自己。
讓別人以為妳是尖酸刻薄、粗魯的人就太可惜了！
氣質女神要以沉穩、有氣質的說話方式為目標。
對別人說話時體貼溫暖、
婉轉地表達自己的意思，
讓女神的言語更有魅力。

課程重點

- 氣質女神懂得驅使語詞
- 知道柔美優雅的用詞
- 能表達意思、提升印象的說話方式
- 說話順序非常重要

說話方式

笑咪咪地打招呼
幫自己圈粉

自己主動　帶著笑容　用開朗的聲音

光是笑著打招呼，就能增加信用存款

記得總是主動帶著笑容開朗地打招呼喔！如果能夠確實地打招呼，人也會變得有信用。如果持續下去，即使只是互相打招呼的關係，稍微沒精神的話也會有人來關心，或者遇到困難時也會有人幫忙。用心地打招呼，接收到心意的人自然而然變成妳的啦啦隊。決定「一直都要帶著笑容、用心地打招呼」後，請先試著實踐一個月看看，應該能感受到某種變化，而這麼做之後便會逐漸成為有信用的人。請務必盡全力做到最棒的打招呼！

打招呼能讓周圍氣氛變開朗

有種人一出現，周圍氣氛突然變得開朗。如果只說了句話，就能讓身旁的人有精神、帶著笑容，那真的很棒。打招呼時努力讓現場溫度提高一度吧，「自己主動、帶著笑容、用開朗的聲音」是基本的喔！

打招呼也能讓自己有精神

挺直背脊、用心帶著笑容打招呼，也能打開自己的開關，打招呼的自己最有精神了。

打招呼能展現妳這個人的存在

打招呼能代表妳是個什麼樣的人，好好打招呼的人會被認為做事實在，開朗打招呼的人則會被認為是個開朗的人。如何打招呼會打造妳給人的印象，讓周遭的人用這樣的觀點看待妳，即使不太熟悉妳這個人也是以此作為判斷。被認為是哪種人，就會逐漸變成那種人，打招呼也能讓妳更接近自己理想中的樣子。

不擅長相處的人也能變成朋友

如果有感到不擅長相處的人，對方大概也是這麼看待妳的。正因為不擅長相處，更要試著滿臉笑容、看著對方的眼睛好好打招呼喔！

如此一來，能減少對方認為妳不好相處的感覺，很常聽說每次打招呼後能逐步縮短彼此的距離喔！

能傳達我認同你這件事

打招呼會傳達「我認同你的存在」這件事，帶著笑容打招呼，再說句話聊聊更好。可以聊天氣，如果說得出有關對方的事更能得人心，讓人感覺有人在關心自己，對方會變得非常開心；人對其他認同自己存在的人會產生好感。

打招呼能創造粉絲團

有位學生決定當學校最開朗的學生，每天早上都會持續向站在校門口的老師們說「老師早安」，然後他對同社團的夥伴說一起來打招呼，好像就這麼持續下去了。結果「〇〇社團的孩子們很乖呢」的看法在老師們之間廣為流傳，變成不管發生什麼事老師都會替他們聲援。打聲招呼，就會增加自己的粉絲了呢！

說話方式

不省略、不拉長、不停頓

優雅說話方式守則

想要優雅地說話，該記住的規則有很多，接下來介紹幾個光是注意到就能改變給人印象的重點給大家。

不省略

說話不省略比較有氣質。如今社群軟體發達，越來越多縮寫簡稱了，我認為在LINE上跟知心好友或者跟年輕朋友往來用縮寫簡稱是無妨，不過如果以女神身分跟別人說話時反而會顯得很沒氣質。用縮寫簡稱會讓人感覺不用心，彷彿連同自己的情感都省略掉了。建議妳在日常生活說話不要省略措辭，並當成理所當然的說話方式。

語尾不拉長

如果說話時拉長語尾，會給人懶散的印象。如果聽到「今天啊～，我用○○～，在△△～，□□了～」這種說話方式，妳想這是位怎樣的女性呢？

我想應該不會是給人工作能幹、有智慧或優雅的印象吧！光是講話時語尾不要拖長，就能大大提升給人的印象。

不停頓

以日文而言，「っ」表示促音，像是用「こちら」（這邊）取代「こっち」（這），說話時不加入促音停頓，說話方式會變得非常沉穩有氣質，讓我們盡量替換用詞吧！

- あっち（遠的那兒！）　あちら（就在那邊。）
- こっち（這！）　こちら（在這邊。）
- そっち（那！）　そちら（在那邊。）
- どっち（哪？）　どちら（在哪邊呢？）
- ちょっと　（等等！）　少し、少々、しばらく（稍候一下。）
- さっき（剛剛！）　さきほど（就在剛才……）
- やっぱり（果然！）　やはり（果然如此。）

・きっと（一定！）　おそらく（恐怕會是……）

・やっと（終於！）　ようやく（終於是……）

・もっと（更……）　さらに（再者、而且……）

・そっちでちょっと待ってて（稍等！）　そちらで少しお待ちいただけますでしょうか（能請您在那邊稍候一下嗎？）

粗略用詞請務必替換

「那傢伙」、「〇〇之類的」等語詞意外地經常聽見，不要說「幫我拿那個大的」，而是「幫我拿那個大的〇〇」如此好好說出名稱。別使用「煩死了」、「超難」、「糟糕」、「超讚」等年輕人用詞，以及「好呷」、「燙死」、「你啊……」、「來吃！」等等，從自己的字典中消除這類粗魯的語詞吧。此外「不過……」、「可是……」、「反正……」」雖然不算粗魯，但這類語詞容易被視為否定之用，也最好避免使用。

說話方式

不用「わ*たし」而是用「わたくし」開頭

使用怎樣的語詞代表妳想成為怎樣的自己

透過說出口的語詞，妳的印象、人際關係都會跟著改變，因為**使用怎樣的語詞，代表妳想成為怎樣的自己**。如果想當個優雅有氣質的女性，要選擇禮貌優美的語詞喔！

使用優美語詞最大的祕訣在於——說話時用「わたくしは」當開頭。如果用「わたくしは」開頭，後面接續的語詞會自然而然變得有禮貌。我教過學員，無論如何都很難將「わたくしは」說出口的人，可以試著嘴巴上說「わたしは」，同時在心中唸著「わたくしは」，光是如此就會改變。

任何語詞在習慣後，都會變成自己的，請不停練習說出優美的語詞以及流利的表達方式。即使會有想抗拒的語詞，但實際說出口、練習到成為習慣後，也會逐漸變得理所當然而習以為常。語詞越禮貌優雅，自己也會變得越美麗有氣質。

＊註：日文中「わたし」為男女通用自稱為「我」之意；「わたくし」為正式場合中男女自稱用的禮貌用法。

說話方式

不時提到「○○先生／小姐」會縮小距離感

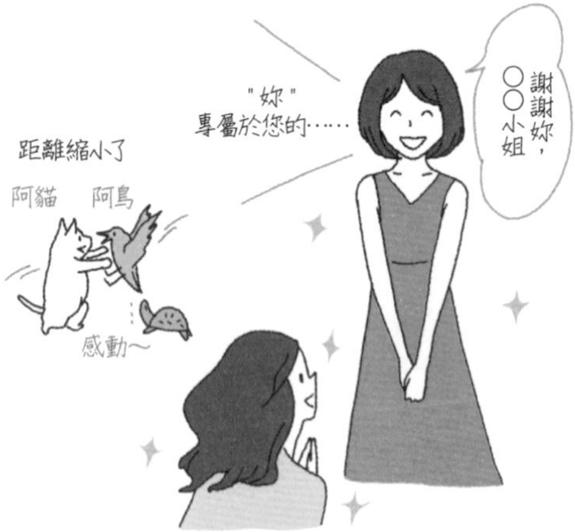

謝謝妳，○○小姐
"妳"
專屬於您的……
距離縮小了
阿貓
阿鳥
感動～

稱呼對方姓名的效果絕佳

姓名對一個人來說是最重要的、專屬於自己的，同時象徵自己的存在。打招呼時、搭話時試著連姓名一起呼喊對方，像是「○○先生，早安」、「○○小姐，謝謝妳」，不然單純說「哇！是○○先生／小姐」也可以，光這樣就會傳達心意，一口氣拉近彼此的距離。

叫對方姓名代表**搭話時「對象是你」、「專屬於你」**，被叫到的人則會感受到有人認同了自己的存在。

大部分的人在搭話時聽到對方叫自己姓名，或者認識不久對方卻能叫出姓名時，都會想說「對方已經記住我、認識我了啊」而感到開心。明明以前只見過一次面，如果許久不見時看到人、聽到對方叫自己的姓名，真的會相當高興呢！認可一個人的存在是非常重要的，最重要的是增加了親近感，也提升了好感。

妳有沒有聽過某人結婚了，抱怨長時間相處在一起，對方卻連姓名都不肯叫一下的不滿呢？不肯叫姓名似乎也能成為離婚原因之一。再怎麼親近熟悉，稱呼對方姓名依舊重要，而且這麼做很容易能打開對方的心房。

看著對方的眼睛，帶著微笑稱呼對方姓名再打招呼、跟對方搭話；對話中也要不時穿插對方姓名，稱呼對方名字越多次，彼此就越能靠近。

在以前我參加過的團體，規則是不管年紀多大，各自用各自想要的稱呼，以及不使用敬語，如此一來，出乎意料地讓大家都敞開心胸，變成好朋友。如果變成某種程度的熟人，比起稱呼姓氏，直接叫名字會更有親近感。即使只有姓名，光是呼喚，就能超乎想像地縮短彼此間距離。

可聊起跟姓名有關的話題

此外，如果是初次見面，建議可以聊聊有關姓名的話題，記住會面者的姓名相當重要。透過聊聊姓名的話題，容易留下對方的印象，也容易記起來。如果是少見的漢字，可以問對方「請問這該怎麼唸才好呢？」、「這個字真少見呢」，或者說「很棒的名字呢」、「跟我妹妹一樣」等等開啟話題。

千萬要警惕的NG表現

初次見面詢問姓名時，經常聽到有人說「能跟我說您尊姓大名嗎？」。雖然聽起來蠻有禮貌，但其實是錯誤的，因為姓名不該是對方給的。應該這麼詢問喔：「能請教您尊姓大名嗎？」、「請問能告訴我您的尊姓大名嗎？」，如果再加上一些婉轉的緩衝句就更完美了。能沒有隔閡、微笑親切地呼喊姓名，又能精確地使用語詞，會讓妳更有魅力。

說話方式

增加緩衝句式說話，對話會順暢到驚人

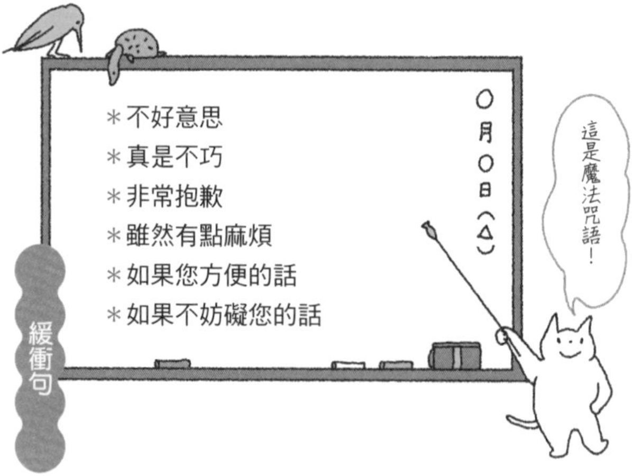
緩衝句
*不好意思
*真是不巧
*非常抱歉
*雖然有點麻煩
*如果您方便的話
*如果不妨礙您的話
〇月〇日（△）
這是魔法咒語！

婉轉地表達願望

雖然越長大，累積經驗越多越強大……不過那種鋒芒最好隱藏在心底，像是用糯米紙包裹著，柔和地與別人接觸。如此一來，大多能感受到事情順利進行著，說話方式也是同理。即使內容相同，隨著說話方式不同，會使得對方的接受程度完全不一樣。下列是不傷害對方情感，也更能表現出體貼對方的說話方式。

要拜託別人或下指示時用依賴形文法的話，會讓別人很快地樂於接受。比起「拜託～」，最好用「能麻煩您～嗎？」、「能不能幫我～一下？」這種對方相較具有選擇餘地、詢問對方的說話方式，即使回答的選項中沒有NO的答案，比起聽到「拜託～」，比較容易坦率接受「能麻煩您～嗎？」這類有選擇餘地的說話方式。無論任何場合，都要慎重考慮到說話對象的心情喔。

推薦用緩衝句式

此外，要拜託別人或下指示時務必要加「非常抱歉」、「雖然有點麻煩」之類的緩衝措辭。所謂緩衝句式，是能傳達替對方著想的語句，有沒有增加的後果可是天差地別。光是加入緩衝句，對方就能感受到自己是有在替對方著想的。記得要婉轉、帶著笑容向對方說「真是抱歉，能不能麻煩您幫我……呢？」。

記得肯定，減少否定

還有一點，建議各位盡可能用肯定表示法，包括平常說出口的話也盡量積極樂觀，並盡可能減少「辦不到」這類的否定表示。與其說「不能、辦不到」，不如說「蠻困難的呢」；與其說「不知道」，不如說「不太了解」；與其說「〇點前不會回來」，不如說「〇點時會回來」，依此類推，如果每次說話時都能附加「否定回答的替代方案」會更完美喔！

比用詞更重要的事

前幾天，我在某間店詢問「請問有〇〇嗎？」，結果對方一句「沒有」就帶過了。我不僅感到被用力推開，好像連去詢問有沒有〇〇都像做了壞事一樣。店員一絲絲「難為您特地來這裡買，真是抱歉」、「非常謝謝您」的感情都沒有，甚至讓我以後都不敢在這裡買東西了。這問題比說話方式還要嚴重，用詞沒有站在顧客的立場著想，是因為沒有用心。明明是間非常棒的店，卻因為沒多用心說幾句話而使得支持的粉絲減少，實在很可惜。

確切地使用敬語等語詞非常重要，但更重要的是，試著換位思考、想像對方的心情，接著將感覺轉化成語詞。如此用心不停累積，便能打造出「如果是妳就可以」的信賴感與喜愛之情。

說話方式

比起「不好意思」更適切的用詞

Thank you
Sorry ≠ 不好意思
Excuse me

與其使用便利的語詞，不如使用適切的語詞

重視選擇語詞，代表慎重地面對語詞中包含的情感以及重視對方。比起方便使用的語詞，不如講求唯一、並最適合的語詞。為了傳達當下的情感，希望各位選擇更優雅適切、更能傳達想法的語詞。

「不好意思」是個相當便利的語詞，道謝、道歉、叫人時都能用。雖然很容易一不小心就用了，不過還是能說出最適切的語詞吧？如果說了「不好意思」，明明想表達感謝之意，硬要說的話會變成聽起來像是「為了我這種人麻煩到您，實在很抱歉」的意思。謙虛很棒，不過既然想傳達感謝之意，帶著燦爛的笑容說「謝謝您！」想必更讓人開心，也更能傳達感謝之意。想道歉時說「非常抱歉！」、「對不起。」；叫人時說「不好意思請問……」、「打擾一下。」，這樣明顯更加優雅、適當。

說話方式

正面詞彙的魅力與力量

說話更加完美的祕密

我經營的一個「成熟人士儀態學習會」，請來尊敬的書法家根岸司黎（和美）老師，舉辦「優雅語詞及儀態」的講座時，老師教我們的就是「やか詞」，從那之後我便非常喜歡使用。老師說過：「所謂『*やか詞』，指的是以『やか』結尾的語詞，其中包含了很多很棒的詞彙喔！」

例子中盡是些婉轉柔和、能感受到無以言喻細緻的優雅語詞，唸起來好聽，無論哪個語詞都很有魅力。想要成為一位亭亭玉立、柔順地生活著的優雅女性，這些語詞會更容易達成這些目標。試著在說話時選擇以更正向的用詞，似乎就能成為更正向的女神呢！心裡想著正面的形象，說話時使用適切的語詞——請試著這麼做看看。

＊註：日文形容詞中，特有的「～やか」結尾之「な」形容詞。該類詞彙多用來表示稱讚並具有正面語氣，推測作者希望大家多使用正面的詞彙。如：おだやか（沉穩、溫和）、さわやか（爽朗）、しなやか（柔軟、柔和）、たおやか（婀娜、優雅）、あざやか（鮮豔）、はなやか（華麗、輝煌）、しとやか（端莊、典雅）、つややか（有光澤）、まろやか（圓潤）、かろやか（輕快）、にこやか（和藹可親）、すずやか（清涼）……等等。

說話方式

用更尊敬的用詞說話，能變得更加溫和

認識優雅的語詞

透過日本自古以來的優雅語詞學到溫和的態度

如果提到「更溫柔、女性化的語詞」，要屬大和語了吧。數年前起也有眾多書籍出版探討的大和語，不同於中國傳來的漢語及外來語，是日本自古以來固有的語詞，也稱為和語。和語能讓人感受到日本人獨特的細緻敏感，是種發音柔和的優雅語詞。光是替換成和語的唸法，給人更加柔和、不帶刺的印象。**用詞有多溫和**，等於**待人處事有多柔軟**。以下介紹日常生活中經常會用到的說法：

・請問您住在哪裡呢？　可以請問**府上位居何處**嗎？

・請你幫幫我。　煩請您助我**一臂之力**。

・很高興見到你　很榮幸能**一睹**您的尊容。

・你有空嗎？　請問您時間上還**充裕**嗎？

・怎麼那麼忙……**意外地**困難呢。

・讓你多慮了　十分感謝您的**用心**。

・恐怕……**惶恐**……、……**不敢當**

・好期待！**十分期待**……的到來。

・好感動！　這份感動直抒**胸臆**。

・小東西給你。**微不足道**的東西，不成敬意。

除了前面介紹的，還有許多優雅的語詞。如與花朵有關的來説，像是花笑み（指花盛開的樣子，或者將人微笑的樣子比喻成花、笑靨如花）、花冷え（指櫻花盛開時又冷了起來、乍暖還寒）、花明かり（指櫻花盛開，連夜晚的黑暗也多少感到明亮的意思）等，言語間都能感受到其中的優雅。

日本是個語彙豐富到驚人的國家，好多好多纖細、情緒豐富、表現出四季更迭感受、清晰放大五感而生的語詞。

別僅限於和語，讓我們認識更多優雅的語詞吧！與其說是增加知識，不如去認識更多能撼動自己情感的精采語詞。盡量去接觸優雅的語詞、雅致的感性、美麗的事物，感覺與用詞都會逐漸變得優雅的。我認為優雅會轉變成一個人生活下去的力量。

詞彙變豐富的益處

即使多認識一個語詞，也能帶領人走向豐富的人生。由於詞彙越豐富，越能細緻地將自己的感情轉化成字句、感受力也越強，我是這麼認為的。正因為認識了「花笑み」這個詞，才能在見到一個人開心笑了的時候，感受到這個人笑起來就像朵花呢。溝通交流時也會變得詞彙更豐富吧，因為能針對不同的說話對象而選擇適合對方氛圍所附加的字句。

為了成為能時常確切表達自身想法的女性，讓我們多多認識優雅、能感動人心的語詞，如此一來，應該就能更婉轉柔和地傳達自己的意思。

說話方式

僅僅換個說話順序，不知不覺給人好印象

○「我最近買了這個，雖然要 100 萬，不過非常好用，我很喜歡。」

×「我最近買了這個，非常好用，所以我很喜歡。但是要 100 萬。」

※後面才提價格，容易給人像在炫耀的印象。

○「雖然速度慢，但是非常仔細呢！」

×「雖然仔細，但速度很慢呢！」

※○的感覺比較像在稱讚。

明明說同樣的話，卻有人得益、有人吃虧

與人溝通時，有時明明自己沒有這個意思，卻不經意地地惹惱對方、炫耀起來，或者做出失禮的事。我也曾經事後才不經意地回想起來並反省，於是會更加思索自己以往是如何跟別人説話的呢？

每個人有各自習慣的説話方式，聊天後，有總是感覺積極樂觀的人，也有不知為何感到悲觀消極的人；有很會讚美別人的人，也有抱怨一大堆的人，其實這些差別在於説話順序。

「加油喔，説不定會很辛苦」跟「説不定會很辛苦，不過加油喔」這兩句，後者感覺比較聚焦在加油上，聽的人也會對説話者有積極樂觀的印象。兩句話的字句相同，順序不一樣而已，給人的印象就改變了。

最後聽到的內容比較容易留下印象，所以即使用的是相同字句，說的順序不同，留在對方心裡的重點也會跟著改變。

比方提議午餐要去哪間店吃的時候，聽到「真的很好吃，不過有點貴喔」與「雖然有點貴，不過真的很好吃喔」這兩句，哪間店會讓妳想去呢？以前者來說，感覺焦點放在價格上，後者的說法則給人感覺焦點放在味道或好吃程度上。相較之下，會不會聽到後者的說明後，有被引起想去吃看看的衝動呢？

聽到「外觀普普通通，不過很好吃喔」，會讓人想說「太好了，那麼下次努力做得漂亮一點吧」。如果聽到「味道不錯，不過外觀看起來不怎麼樣」，會讓人想說「不上相真是抱歉啊」留下遺憾的感覺。外觀不上相對對方來說是問題比較大，也讓人有「你究竟想說什麼？」的感覺，而讓對話無法往好的方向發展；光是順序不同，之後對話發展的氛圍也隨之改變。

如果不清楚說話順序，記得「好事擺在後頭」

所謂好事後說，指的是同時有好消息跟壞消息要告訴對方時，「先講壞消息，再講好消息，大多給人的感覺比較好」。也有人單純是因為說話習慣的關係，不過感覺一個人思考的習慣也會表現在說話的順序上。

可以的話，希望一句話的結尾是樂觀積極、看得見未來、讓人感覺舒服的。舉止儀態、用詞字句如果都能留下優雅的餘韻就更完美了。每次說話前都要注意實則困難，不過試著以開朗積極的印象做結尾吧！

試著注意說話順序，不僅能提升印象，自己的思考也會變得積極向前、善於將焦點放在優點益處上，這一定會替妳帶來更多的幸福吧！

作者簡介

高田將代

儀態守門人

出生於擁有國寶「當麻曼陀羅」的奈良當麻寺，親身體會、守護流傳1400年的傳統行事及慣例，並在此環境下長大。將代這個名字是從當麻寺傳承的「中將姬傳說」裡，取主角——中將姬的一個字來命名的。從小便學習茶道、花道，取得和服講師的資格。大學畢業後，就職於伊藤忠商事。之後進入葛瑞絲·凱利、賈桂琳·歐納西斯等人也就讀過的女子精修學校（給女性學習社交禮儀、禮節的學校）學習。經過各方面的教養洗禮後，成為禮儀講師。

除了在自己的學校教授課程外，另在東京、橫濱、名古屋、福岡等地開設講座，也會在大學、專門學校或企業等處舉辦研修營。透過重視日本人擁有的細緻注意力及精神，優雅的舉止禮儀、溝通技巧等可引領出多數女性本身的魅力。掌管「M elegance academy」，曾入圍2020年日本小姐（MRS JAPAN GRANDPRIX）決賽。

STAFF

裝幀・內文設計：白畠かおり

插畫：石川ともこ

企劃協力：ブックオリティ

56個備受疼愛的小心機

氣質女神養成密技

出　　版／楓葉社文化事業有限公司
地　　址／新北市板橋區信義路163巷3號10樓
郵政劃撥／19907596 楓書坊文化出版社
網　　址／www.maplebook.com.tw
電　　話／02-2957-6096
傳　　真／02-2957-6435
作　　者／高田將代
翻　　譯／李依珊
責任編輯／周佳薇
校　　對／楊心怡
港澳經銷／泛華發行代理有限公司
定　　價／320元
初版日期／2022年2月

國家圖書館出版品預行編目資料

56個備受疼愛的小心機 氣質女神養成密技 / 高田將代作；李依珊翻譯. -- 初版. -- 新北市：楓葉社文化事業有限公司, 2021.12　面；　公分

ISBN 978-986-370-343-3（平裝）

1. 姿勢 2. 儀容 3. 生活指導

425.8　　110016866